PREFACE 머리말

네일미용 국가자격시험은 네일 기술 전반에 대한 이론 이해와 위생·안전 관리 능력을 평가하는 국가 기술자격으로, 네일 산업 진입을 위한 필수 관문입니다. 최근 네일 분야에 대한 수요와 취업·창업 기회가 확대되면서, 단기간 합격을 목표로 한 효율적인 학습의 중요성 또한 커지고 있습니다.

본 교재는 네일미용 국가자격 필기시험의 출제 기준과 기출문제를 바탕으로 출제 경향을 분석하여, 실제 시험에서 반복 출제되는 핵심 이론과 빈출 개념 위주로 구성하였습니다. 방대한 이론을 나열하기보다 합격에 직결되는 내용만을 선별하여 학습 집중도를 높이고자 하였습니다.
또한 짧은 준비 기간에도 효과적인 학습이 가능하도록 내용을 체계적으로 정리하여, 처음 시험에 도전하는 수험생은 물론 재응시 수험생까지 시험의 핵심을 빠르게 파악하고 실전에 대비할 수 있도록 하였습니다.

이 교재가 수험생 여러분의 학습 방향을 명확히 잡아주고, 네일미용 국가자격 취득이라는 목표에 보다 빠르고 안정적으로 도달할 수 있도록 돕는 실전 중심의 학습 기준서가 되기를 바랍니다.

집필진 드림

✅ 기본정보

개요	네일미용에 관한 숙련기능을 가지고 현장업무를 수행할 수 있는 능력을 가진 전문기능 인력을 양성하고자 자격제도를 제정
수행직무	손톱·발톱을 건강하고 아름답게 하기 위하여 적절한 관리법과 기기 및 제품을 사용하여 네일 미용 업무 수행
실시기관 홈페이지	http://www.q-net.or.kr
실시기관명	한국산업인력공단
진로	네일미용사, 미용강사, 화장품 관련 연구기관, 네일 미용업 창업, 유학 등

✅ 응시접수

응시자격	제한 없음
원서접수	• 접수방법: 큐넷 홈페이지에서 접수 • 접수시간: 원서접수 첫날 10:00부터 마지막 날 18:00까지
시행방법	• 기간: 상시검정(공고 기간 내 접수) • 방법: CBT 방식 • 장소: 전국 시험장
수수료	• 필기: 14,500원 • 실기: 17,200원

✅ 시험방식

구분	시험과목	문항수	검정방식	시간	합격기준
필기	네일화장품 적용 및 네일미용관리 (공중위생관리학, 피부의 이해, 화장품 분류 포함) 등에 관한 사항	60문항	객관식 4지 택일형	60분	100점 만점으로 하여 60점 이상
실기	네일미용실무	4과제	작업형	2시간 30분 정도	

✅ 출제기준

필기 과목명	주요항목	세부항목
네일화장물 적용 및 네일미용관리	네일미용 위생서비스	네일미용의 이해, 네일숍 청결 작업, 네일숍 안전 관리, 미용기구 소독, 개인위생 관리, 고객응대 서비스, 피부의 이해, 화장품 분류, 손발의 구조와 기능
	네일 화장물 제거	일반 네일 폴리시 제거, 젤 네일 폴리시 제거, 인조 네일 제거
	네일 기본관리	프리에지 모양만들기, 큐티클 부분 정리, 보습제 도포
	네일 화장물 적용 전 처리	일반 네일 폴리시 전 처리, 젤 네일 폴리시 전 처리, 인조 네일 전 처리
	자연 네일 보강	네일 랩 화장물 보강, 아크릴 화장물 보강, 젤 화장물 보강
	네일 컬러링	풀 코트 컬러 도포, 프렌치 컬러 도포, 딥 프렌치 컬러 도포, 그러데이션 컬러 도포
	네일 폴리시 아트	일반 네일 폴리시 아트, 젤 네일 폴리시 아트, 통 젤 네일 폴리시 아트
	팁 위드 파우더	네일 팁 선택, 풀 커버 팁 작업, 프렌치 팁 작업, 내추럴 팁 작업
	팁 위드 랩	팁 위드 랩 네일 팁 적용, 네일 랩 적용
	랩 네일	네일 랩 재단, 네일 랩 접착, 네일 랩 연장
	젤 네일	젤 화장물 활용, 젤 원톤 스컬프처, 젤 프렌치 스컬프처
	아크릴 네일	아크릴 화장물 활용, 아크릴 원톤 스컬프처, 아크릴 프렌치 스컬프처
	인조 네일 보수	팁 네일 보수, 랩 네일 보수, 아크릴 네일 보수, 젤 네일 보수
	네일 화장물 적용 마무리	일반 네일 폴리시 마무리, 젤 네일 폴리시 마무리, 인조 네일 마무리
	공중위생관리	공중보건, 소독, 공중위생관리법규(법, 시행령, 시행규칙)

GUIDE 구성과 특징

Step 01

합격비법 손글씨 핵심요약

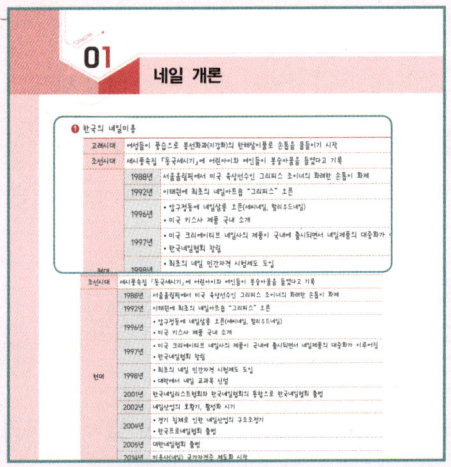

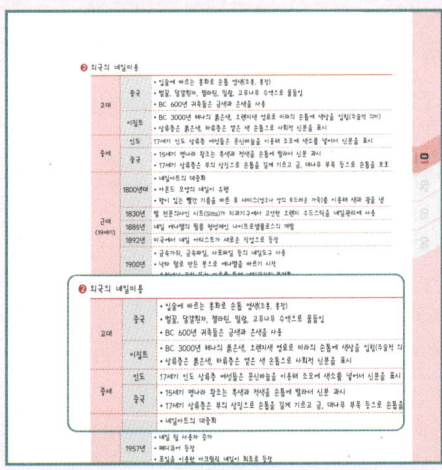

한눈에 정리하는 필수 핵심이론
꼭 알아야 할 중요한 핵심이론만 눈이 편한
손글씨로 정리하였습니다.

이해를 넓히는 보충 설명 & 실전 Tip
더 알아보기와 Tip을 통해 문제해결력을 높이고
학습효과를 극대화할 수 있습니다.

Step 02

8개년 CBT 기출복원문제

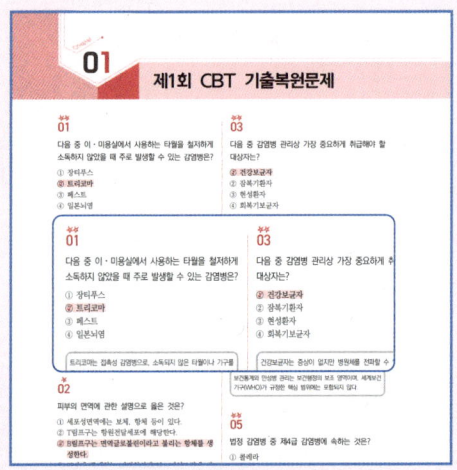

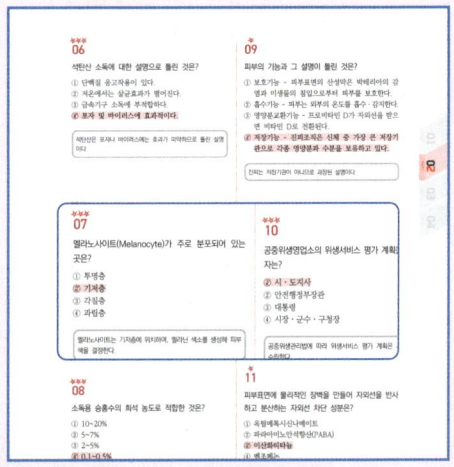

출제 경향을 읽는 최신 CBT 기출 분석
8개년 CBT 기출복원문제를 통해 기출 유형 및
출제 경향을 정확하게 파악할 수 있습니다.

빈출중요도 표시로 효율적인 학습
문항별 빈출중요도 표시와 명확한 해설로 능률
적인 학습이 가능합니다.

파이널 CBT 실전모의고사

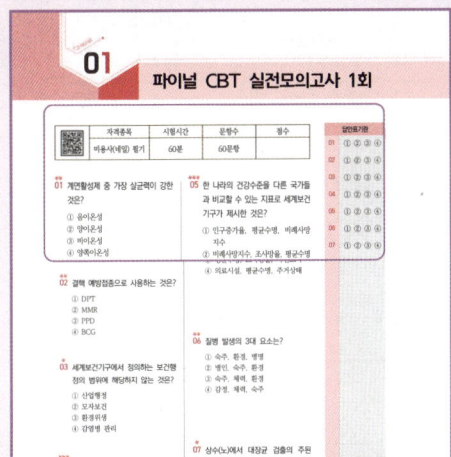

실전과 동일한 CBT 모의고사 구성

실제 시험과 동일한 유형의 실전모의고사로 실전 감각을 완성할 수 있습니다.

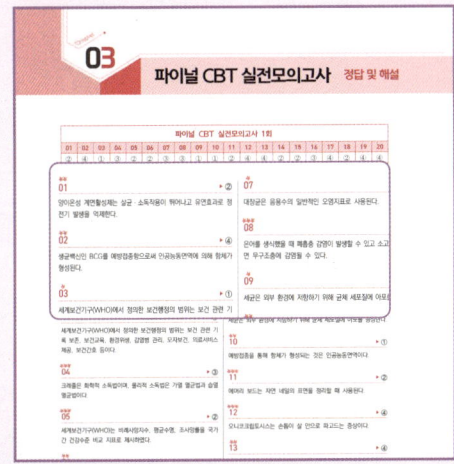

핵심을 짚는 문제해결 중심 해설

핵심만 정확히 짚어주는 해설로 문제해결 스킬을 향상시킬 수 있습니다.

최빈출 실전 60제

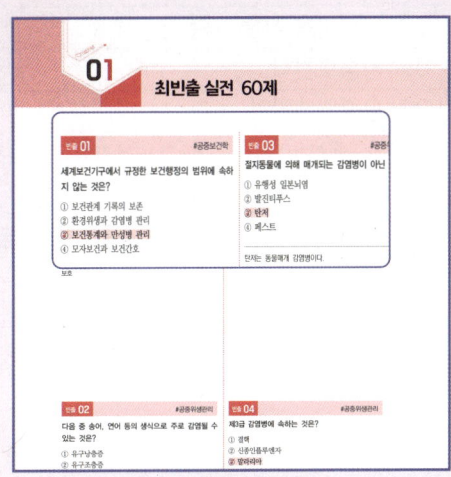

합격을 좌우하는 최빈출 문제 압축 정리

출제 빈도가 높은 최빈출 60문제로 합격을 위한 핵심 정리를 완성할 수 있습니다.

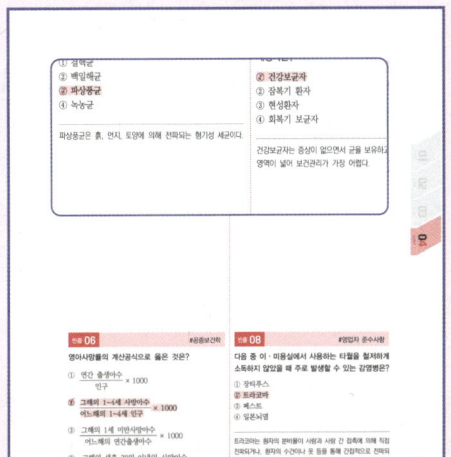

시험 직전 빠른 최종 점검 시스템

간단한 해설과 한눈에 보이는 정답으로 시험 직전 빠른 최종 점검이 가능합니다.

CONTENTS 목차

Study check 표 활용법
단원의 학습을 완료할 때마다 체크하여,
자신만의 3회독 플래너를 완성해보세요.

FAQ

Q 네일미용사 자격증은 필기와 실기를 모두 합격해야 하나요?

A 네, 필기시험과 실기시험을 각각 합격해야 최종 자격증이 발급됩니다. 필기 합격 후 실기시험에 응시할 수 있으며, 필기 합격 유효기간 내에 실기에 합격해야 합니다.

Q 필기시험은 어떤 방식으로 출제되나요?

A 객관식 4지선다형으로 출제되며, 문제은행 방식입니다. 이론 암기뿐 아니라 개념 이해가 중요하므로 반복 학습이 필요합니다.

Q 필기시험 합격 기준은 어떻게 되나요?

A 100점 만점 기준 60점 이상이면 합격입니다. 과목별 과락은 없으나, 전체 평균 점수를 기준으로 합니다.

Q 독학으로 합격이 가능한가요?

A 가능합니다. 다만 실기는 실제 작업 훈련이 중요하므로 충분한 반복 연습과 피드백이 필요합니다.

Q 자격증 취득 후 진로는 어떻게 되나요?

A 네일샵 취업, 창업, 프리랜서 활동 등 다양한 분야로 진출할 수 있으며, 경력과 추가 자격 취득에 따라 활동 범위를 더욱 확장할 수 있습니다.

PART

01

합격비법
손글씨 핵심요약

01

네일 개론

📑 네일미용의 기초

▶ 네일미용의 개념과 어원

① 개념

네일미용은 손·발톱을 건강하고 아름답게 유지하는 전문 서비스로, 미용의 한 분야

② 어원

Manicure	손(Manus) + 관리(Cura)
Pedicure	발(Pedis) + 관리(Cura)

▶ 네일미용의 역사

① 한국의 네일미용

고려시대		여성들이 풍습으로 봉선화과(지갑화)의 한해살이풀로 손톱을 물들이기 시작
조선시대		세시풍속집 『동국세시기』에 어린아이와 여인들이 봉숭아물을 들였다고 기록
현대	1988년	서울올림픽에서 미국 육상선수인 그리피스 조이너의 화려한 손톱이 화제
	1992년	이태원에 최초의 네일아트숍 "그리피스" 오픈
	1996년	• 압구정동에 네일살롱 오픈(세씨네일, 할리우드네일) • 미국 키스사 제품 국내 소개
	1997년	• 미국 크리에이티브 네일사의 제품이 국내에 출시되면서 네일제품의 대중화가 이루어짐 • 한국네일협회 창립
	1998년	• 최초의 네일 민간자격 시험제도 도입 • 대학에서 네일 교과목 신설
	2001년	한국네일리스트협회와 한국네일협회의 통합으로 한국네일협회 출범
	2002년	네일산업의 호황기, 활성화 시기
	2004년	• 경기 침체로 인한 네일산업의 구조조정기 • 한국프로네일협회 출범
	2005년	대한네일협회 출범
	2014년	미용사(네일) 국가자격증 제도화 시작

❷ 외국의 네일미용

고대	중국	• 입술에 바르는 홍화로 손톱 염색(조홍, 홍장) • 벌꿀, 달걀흰자, 젤라틴, 밀랍, 고무나무 수액으로 물들임 • BC 600년 귀족들은 금색과 은색을 사용
	이집트	• BC 3000년 헤나의 붉은색, 오렌지색 염료로 미라의 손톱에 색상을 입힘(주술적 의미) • 상류층은 붉은색, 하류층은 옅은 색 손톱으로 사회적 신분을 표시
중세	인도	17세기 인도 상류층 여성들은 문신바늘을 이용해 조모에 색소를 넣어서 신분을 표시
	중국	• 15세기 명나라 왕조는 흑색과 적색을 손톱에 발라서 신분 과시 • 17세기 상류층은 부의 상징으로 손톱을 길게 기르고 금, 대나무 부목 등으로 손톱을 보호
근대 (19세기)	1800년대	• 네일아트의 대중화 • 아몬드 모양의 네일이 유행 • 향이 있는 빨간 기름을 바른 후 샤미스(염소나 양의 부드러운 가죽)를 이용해 색과 광을 냄
	1830년	발 전문의사인 시트(Sitts)가 치과기구에서 고안한 오렌지 우드스틱을 네일관리에 사용
	1885년	네일 에나멜의 필름 형성제인 나이트로셀룰로스의 개발
	1892년	미국에서 네일 아티스트가 새로운 직업으로 등장
	1900년	• 금속가위, 금속파일, 사포파일 등의 네일도구 사용 • 낙타 털로 만든 붓으로 에나멜을 바르기 시작 • 유럽에서 크림 또는 가루를 통해 네일관리의 본격화
현대 (20세기)	1910년	매니큐어 회사인 플라워리가 뉴욕에 설립, 금속파일 및 사포로 된 파일 제작
	1925년	• 일반 상점에서 에나멜을 판매 • 네일 에나멜 사업의 본격화
	1927년	흰색 에나멜, 큐티클 크림, 큐티클 리무버의 제조
	1930년	• 다양한 종류의 붉은색 에나멜의 등장 • 제나(Gena) 연구팀에서 네일 에나멜 리무버, 워머 로션, 큐티클 오일을 개발
	1932년	• 다양한 색상의 네일 에나멜 제조 • 레브론 사에서 립스틱과 잘 어울리는 네일 에나멜을 최초로 출시
	1935년	인조 네일 개발
	1940년	• 이발소에서 남성 습식 네일관리의 시작 • 여배우 리타 헤이워드에 의해 빨간색으로 꽉 채워 바르는 스타일이 유행
	1956년	헬렌 걸리가 미용학교에서 네일케어를 가르치기 시작
	1957년	• 네일 팁 사용자 증가 • 페디큐어 등장 • 포일을 이용한 아크릴릭 네일이 최초로 등장
	1960년	실크와 린넨을 이용한 래핑(손톱보강)

	1970년	네일 팁과 아크릴릭 네일을 본격적으로 사용
	1973년	미국의 네일 제조회사인 IBD에서 네일 접착제와 접착식 인조 손톱을 개발
	1975년	미국 식약청(FDA)에 의해 메틸메타크릴레이트 등의 아크릴릭 화학제품 사용 금지
현대 (20세기)	1976년	• 스퀘어 모양의 네일 유행 • 파이버 랩(Fiber Wrap) 등장 • 네일아트가 미국에 정착
	1981년	• 에씨(Essic), 오피아이(OPI), 스타(Star) 등 네일 전문제품 출시 • 네일 액세서리의 등장
	1989년	네일산업의 급성장
	1992년	• NIA(The Nail Industry Association) 창립 • 인기스타들에 의해 네일관리 대중화
	1994년	• 라이트 큐어드 젤 시스템 등장 • 뉴욕에서 네일 테크니션 제도 도입
20세기 이후		2D, 3D 등의 입체 디자인과 핸드페인팅, 에어브러시 등의 다양한 아트기법 등장

Tip 핵심요약
- 고대: 이집트, 중국, 인도에서 식물성 염료나 금·은박을 이용한 손톱 장식
- 중세: 프랑스 · 이탈리아 귀족들이 손톱 손질과 광택을 중시
- 근대: 1830년 오렌지 우드스틱 개발, 1917년 최초의 네일 폴리시 출시
- 현대: 젤네일, 아크릴, 프렌치 스타일 등 다양한 기술과 예술적 표현이 발전

☑ **더 알아보기**

한국 네일미용의 발전
- 1980년대: 백화점 · 호텔 미용실에서 매니큐어 서비스 시작
- 1990년대: 전문 네일숍 등장
- 2000년대: 전문 교육기관 설립, 자격증 제도 도입
- 2002~2006년: 협회 · 학과 · 학회 설립, 국가자격증 시행

네일미용 위생서비스

네일숍 위생 및 안전관리

1 위생관리
- 점검표를 활용해 시설 및 물품의 청결 상태를 수시로 확인
- 환기, 조명, 온도, 습도 등 쾌적한 환경 유지
- 고객의 프라이버시와 안전을 고려한 공간 구성

2 안전관리
- 화학물은 원래 용기에 밀폐 보관하고 라벨 부착
- 직사광선, 화기, 어린이 손이 닿지 않는 곳에 보관
- 사용 후 손 세척 철저히 실시

3 기기 및 도구 소독
- 고객과 접촉한 기기는 반드시 사용 후 소독
- 금속 도구는 고압증기멸균기, 자외선 소독기 등으로 처리

4 소독제 종류 및 농도

소독제	농도	특징	용도
알코올	60~90%	• 대중적으로 가장 많이 사용 • 휘발성이 강한 단점	• 손, 피부, 경미한 찰과상(60~90%) • 도구 살균(70%)
포르말린	40%	독성이 강하여 눈, 코, 기도를 손상시키고 장기간 노출 시 천식이나 만성 기관지염 등을 유발시킴	• 실내 소독(40%) • 기구소독(10~25%)
페놀릭스	1갤런 : 8온스	• 안전하고 효과적 • 플라스틱 종류는 마모됨 • 피부나 눈, 코와 식도 등에 해를 줄 수 있음	대부분 바닥, 화장실 소독
치아염소산 나트륨	10%	• 일반 표백제로 대부분 가정에서 사용 • 바이러스를 파괴하는 효과	도구 소독 시 10분 동안 담가서 사용

네일의 구조와 이해

손톱의 구조	네일 바디 (조체, Nail Body)	• 눈으로 볼 수 있는 네일의 총칭(손톱의 몸체) • 네일 베드(조상)를 보호 • 여러 층의 각질로 구성
	네일 루트 (조근, Nail Root)	새로운 세포가 만들어지면서 손톱 성장이 시작되는 부분
	프리에지 (자유연, Free Edge)	손톱 끝부분으로 네일 베드와 접착되어 있지 않은 부분

손톱 밑의 구조	네일 베드 (조상, Nail Bed)	• 네일 밑부분이며 네일 바디를 받치고 있는 부분 • 네일의 신진대사와 수분공급을 함	
	매트릭스 (조모, Matrix)	• 네일 루트 아래에 위치 • 모세혈관과 신경세포가 분포 • 손상을 입으면 성장을 저해시키거나 기형 유발	
	루눌라 (반월, Lunula)	• 네일에서 반달 모양 부분 • 네일 베드와 매트릭스가 만나는 부분 • 케라틴화가 완전하게 되지 않음	
손톱 주위의 피부	큐티클 (조소피, Cuticle)	• 네일 주위를 덮고 있는 피부 • 각질세포의 생산과 성장조절에 관여 • 외부의 병원물이나 오염물질로부터 보호	
	하이포니키움 (하조피, Hyponychium)	• 세균으로부터 손톱을 보호 • 손톱 아래의 피부(옐로라인 안쪽)	
손톱 주위의 피부	에포니키움 (조상피, Eponychium)	손톱 베이스에 있는 가는 선의 피부	
	네일 월 (조벽, Nail Wall)	손톱 양 측면의 피부	
	네일 폴드 (조주름, Nail Fold)	네일 루트가 묻혀 있는 손톱 베이스에서 깊이 접혀 있는 피부	
	네일 그루브 (조구, Nail Groove)	네일 베드 양 측면에 좁게 패인 부분	

네일의 병변

네일 시술이 가능한 손톱	네일 시술이 불가능한 손톱
• 멍든 손톱 • 에그셸 네일(달걀껍질 손톱) • 행 네일(손 거스러미) • 조갑변색 • 퍼로(고랑 파진 손톱) • 오니카트로피아(조갑위축증) • 니버스(검은 반점) • 오니콕시스(조갑비대증) • 오니코파지(교조증) • 오니코크립토시스(조내생증) • 테리지움(표피조막증) • 루코니키아(흰색 반점) • 오니코렉시스(조갑종렬증)	• 몰드(사상균증) • 파로니키아(조갑주위염) • 오니키아(조갑염) • 오니코마이코시스(조갑진균증) • 오니코리시스(조갑박리증) • 오니콥토시스(조갑탈락증) • 파이로제닉 그래뉴로마(화농성 육아종) • 오니코그라이포시스(조갑구만증)

네일 디자인 모형

1 정의

고객의 손가락 굵기와 길이, 라이프 스타일 및 선호도에 따라 길이와 모양을 이상적 네일 형태로 만드는 것

2 종류

스퀘어형	스트레스 포인트를 기점으로 프리에지와 만나는 모서리 부분에 각이 생기도록 만들어주는 형태
라운드 스퀘어형	스트레스 포인트를 기점으로 프리에지와 만나는 모서리 부분에 각이 생기지 않도록 모서리 부분만 살짝 굴려 만들어주는 형태
라운드형	스트레스 포인트를 기점으로 둥글게 프리에지와 만나도록 굴려 만들어주는 형태
오발형	스트레스 포인트를 기점으로 라운드보다 더 둥글게 프리에지와 만나도록 굴려 만들어주는 형태
포인트형	스트레스 포인트를 기점으로 오발형보다 더 둥글게 프리에지와 연결하여 뾰족하게 만들어주는 형태

손·발의 구조와 기능

골격계(뼈)의 기능

보호기능, 신체지지 기능, 운동기능, 저장기능, 조혈기능

뼈의 형태

장골	길이가 길며 골간과 두 개의 골단으로 이루어져 있고, 내면에 골수강을 형성(대퇴골, 상완골, 요골, 척골, 경골, 비골)
단골	넓이와 길이가 비슷하며, 골수강이 없는 짧은 형태(수근골, 족근골)
편평골	얇고 편평하며 대부분 휘어져 있는 형태(견갑골, 늑골, 두개골)
불규칙골	모양이 다양하고 복잡한 형태(척추골, 관골)
종자골	씨앗 모양의 형태(슬개골)
함기골	전두골, 상악골, 사골, 측두골, 접형골

뼈의 기본 구조

골막	• 뼈를 덮는 강한 결합조직층으로 신경과 혈관이 다수 분포 • 뼈를 보호하는 영양을 공급하고 재생기능의 역할
골단	뼈의 양쪽 끝부분
치밀골	뼈의 표면으로, 신경 및 혈관이 지나는 하버스관이 존재
해면골	뼈의 안쪽에 위치하며, 치밀골에 싸여 있음
골수강	골수가 차 있는 공간으로, 뼈의 가장 안쪽에 위치

🔻 손의 뼈

수근골 (손목뼈, 8개)	근위 수근골	주상골, 월상골, 삼각골, 두상골
	원위 수근골	대능형골, 소능형골, 유두골, 유구골
중수골 (손바닥뼈, 5개)	제1중수골~제5중수골	
수지골 (손가락뼈, 14개)	엄지손가락	기절골, 말절골
	나머지 손가락	기절골, 중절골, 말절골

🔻 발의 뼈

족근골 (발목뼈, 7개)	근위 족근골	거골, 종골, 주상골
	원위 족근골	제1설상골, 제2설상골, 제3설상골, 입방골
중족골 (발바닥뼈, 5개)	제1중족골~제5중족골	
족지골 (발가락뼈, 14개)	엄지발가락	기절골, 말절골
	나머지 발가락	기절골, 중절골, 말절골
족궁	• 발바닥 안쪽 아치 부위에 위치 • 몸의 중력을 분산시키는 역할	

피부학

피부학

피부 구조

❶ 표피와 진피

표피	각질층, 투명층, 과립층, 유극층, 기저층
진피	유두층과 망상층, 콜라겐과 엘라스틴 포함

❷ 피부의 기능

보호, 감각, 체온 조절, 분비, 흡수, 비타민 D 합성 등

땀샘

에크린선(소한선)	• 손바닥, 발바닥, 겨드랑이, 등, 앞가슴, 코 부위에 분포 • 약산성의 무색, 무취 • 노폐물 배출, 체온 조절 기능
아포크린선(대한선)	• 겨드랑이, 유두, 배꼽, 성기, 항문 주위 등 특정한 부위에 분포 • 단백질 함유량이 많은 땀을 생산 • 세균에 의해 부패되어 불쾌한 냄새가 남

피부의 pH

❶ 4.5~6.5pH의 약산성
❷ 피지선, 한선에서 나오는 저급지방산, 젖산염, 아미노산 등의 분비물에 의해 형성
❸ 피부 겉면의 얇은 산성막은 피부를 외부의 물리적·화학적 손상으로부터 보호

피지선

❶ 진피의 망상층에 위치하며 손바닥, 발바닥을 제외한 전신에 분포
❷ 하루 평균 1~2g의 피지를 모공을 통해 밖으로 배출시킴
❸ 모공이 각질이나 먼지에 의해 막혀 피지가 외부로 분출이 되지 않으면 여드름이 발생함
❹ 남성호르몬은 안드로겐 피지 분비를 활성화시키며, 여성호르몬은 에스트로겐 피지 분비를 억제하는 역할을 함

피부 유형

정상 피부	• 유수분 균형이 잘 잡힘 • 각질층의 수분 함유량이 10~20%로 정상 • 혈색이 좋고 피부가 촉촉함 • 세안 후 피부 당김이 별로 느껴지지 않음
건성 피부	• 수분 부족, 각질 많음 • 잔주름이 많이 나타나고, 땀 분비가 적으며 세안 후 당김이 심함 • 관리 소홀 시 피부 노화현상이 빠르게 나타남 • 각질층의 수분함량이 10% 이하로 부족함
지성 피부	• 피지 과다로 항상 번들거리고 모공 큼 • 각질층이 두껍고 피부가 거칠음 • 외부자극에 대한 저항력이 강함 • 면포나 여드름이 생기기 쉬움
민감성 피부	• 자극에 민감하고 염증 발생 쉬움 • 피부조직이 얇고 섬세하며, 모공이 작음 • 피부 건조화로 당김이 심함 • 모세혈관이 피부 표면에 잘 드러나 보임
노화 피부	• 탄력 저하, 주름 증가 • 피지 및 수분의 감소로 피부가 건조하고 당김이 심함 • 자외선에 대한 색소침착이 일어남 • 각질 형성 과정의 주기가 길어져 표피가 거칠음
복합성 피부	• 부위별로 특성이 다르고 한 얼굴에 두 가지 이상의 타입이 공존함 • 피부 톤이 전체적으로 일정하지 않음 • T-Zone은 지성이나 여드름성의 형태, U-Zone은 건성이나 민감성의 형태 • 볼과 눈 주위는 피지 분비가 적어 잔주름이 나타남

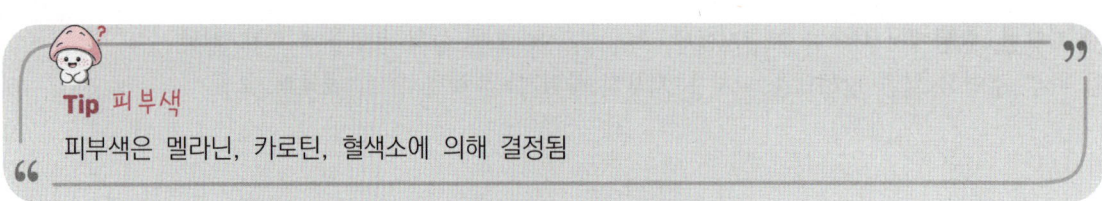

Tip 피부색

피부색은 멜라닌, 카로틴, 혈색소에 의해 결정됨

❯❯ 피부장애

원발진	반점	융기나 함몰 없이 색깔만 변하는 현상
	구진	1cm 미만 크기, 속이 단단하게 튀어나온 융기물
	팽진	가려움과 함께 피부 일부가 부풀어 오른 상태
	결절	구진보다 크며 종양보다 작고 단단, 기저층 아래에 형성(섬유종, 지방종)
	종양	직경 2cm 이상의 큰 피부의 증식물
	낭종	액체나 반고형 물질로 진피증에 있으며 통증을 유발
속발진	인설	각질세포가 병적으로 하얗게 떨어지는 부스러기
	가피	딱지를 말하며 혈액과 고름 등이 말라붙은 증상
	균열	외상이나 질병으로 표피가 진피층까지 갈라진 상태
	궤양	진피나 피하조직까지 결손되어 분비물과 고름 출혈, 흉터가 생김
	태선화	표피 전체가 가죽처럼 딱딱해지는 현상

❯❯ 피부질환

❶ 바이러스성 피부질환

대상포진	몸속에 잠복해 있던 바이러스가 피로나 스트레스로 몸의 상태가 나빠지면서 활성화
단순포진	피곤하고 저항력이 저하될 때 자주 발생하며 입술, 코, 눈 생식기, 항문 주위에 주로 발생
풍진	귀 뒤나 목 뒤의 림프절 비대증상으로 통증 동반
홍역	급성발진성 질환
수두	가려움증을 동반한 발진성 수포

❷ 진균성 피부질환

조갑백선	손, 발톱에 백선균 감염으로 인한 질환
족부백선	하얀 곰팡이균의 감염으로 의한 무좀
두부백선	머리의 뿌리에 곰팡이균이 기생
칸디다증	진균의 일종인 칸디다에 의해 신체 일부 또는 여러 부위가 감염되어 발생

❸ 저색소 침착
멜라닌 색소 감소로 인해 발생

백반증	백색 반점이 피부에 나타나는 후천적 탈색소성 질환
백색증	멜라닌 합성의 결핍으로 눈, 피부, 털 등에 색소가 감소하는 선천성 유전 질환

❹ 과색소 침착
멜라닌 색소 증가로 인해 발생

기미	안면, 눈 밑, 이마 주위 갈색 색소침착
오타모반	청갈색 또는 청회색의 진피성 색소반점

자외선의 종류에 따른 피부 영향
- UV-A(파장 320~400nm): 피부 노화, 색소침착
- UV-B(파장 290~320nm): 홍반, 피부암 유발
- UV-C(파장 200~280nm): 강한 살균력, 피부 손상 위험

▶ 피부 노화의 유형

내인성 노화	나이에 따른 자연스러운 변화(콜라겐 감소, 진피 얇아짐)
외인성 노화	자외선, 스트레스, 환경오염, 흡연 등 외부 요인에 의한 변화

📋 피부와 영양

▶ 3대 영양소와 6대 영양소

❶ 3대 영양소(탄수화물·단백질·지방)

구분	1g당 열량	주요 기능	결핍 시	과다 섭취 시	구성 원소
탄수화물	4kcal	• 신체의 주 에너지원 • 혈당 유지	• 체중 감소 • 피로, 신진대사 저하	• 체지방 증가 • 비만, 당뇨 위험	C, H, O
단백질	4kcal	• 근육·장기·혈액 구성 • 성장·조직 재생	• 성장 지연 • 면역력 저하	신장 부담	C, H, O, N
지방	9kcal	• 에너지 저장 • 체온 유지 • 장기 보호	필수지방산 결핍	• 비만 • 혈중 지질 이상	C, H, O

❷ 6대 영양소(3대 + 무기질·비타민·물)

구분	1g당 열량	주요 기능	결핍 시	비고
탄수화물	4kcal	주 에너지원	피로, 체중 감소	3대 영양소
단백질	4kcal	조직 구성·재생	성장 지연, 면역 저하	3대 영양소
지방	9kcal	에너지 저장·보호	필수지방산 결핍	3대 영양소
무기질	-	• 체내 대사 조절 • pH·수분 균형	골격·면역 이상	칼슘, 철, 나트륨 등
비타민	-	대사 조절 보조	각종 결핍증	수용성·지용성
물	-	• 체온 조절 • 노폐물 배출	탈수, 피부 건조	체중의 60~70%

Chapter 03

화장품학

📋 화장품학

▶ 계면활성제

❶ 종류

양이온성 계면활성제	살균·소독작용이 우수(헤어린스, 헤어트리트먼트)
음이온성 계면활성제	세정·기포작용이 우수(비누, 샴푸, 클렌징폼 등)
양쪽성 계면활성제	피부자극이 적고 세정작용이 있음(저자극 샴푸, 베이비샴푸 등)
비이온성 계면활성제	피부자극이 가장 적으며, 화장품에 널리 사용(기초 화장품류, 화장수의 가용화제. 크림의 유화제. 클렌징 크림의 세정제)

❷ 피부자극성과 세정력 비교

- 피부자극성: 양이온성 계면활성제 > 음이온성 계면활성제 > 양쪽성 계면활성제 > 비이온성 계면활성제
- 세정력: 음이온성 계면활성제 > 양쪽성 계면활성제 > 양이온성 계면활성제 > 비이온성 계면활성제

❸ 가용화제(Solubilization)

정의	향료, 에탄올 등 물에 용해되지 않는 물질을 물에 용해시키기 위해 사용하는 계면활성제
특징	미세입자가 매우 작아 가시광선이 통과하므로 투명하게 보임
사용 예	화장수, 향수, 헤어 토닉, 네일 에나멜 등

❹ 유화제(Emulsion)

정의	서로 혼합되지 않는 물과 기름을 혼합하여 안정된 에멀션을 만들기 위한 계면활성제	
특징	미세입자가 가용화 미세입자보다 커서 가시광선이 통과하지 못하므로 불투명하게 보임	
사용 예	에멀션, 영양크림, 수분크림 등	
유형	O/W형 (수중유형)	물 베이스에 오일 성분이 분산되어 있는 상태(로션, 에센스, 크림)
	W/O형 (유중수형)	오일 베이스에 물이 분산되어 있는 상태(영양크림, 클렌징크림, 자외선 차단제)
	O/W/O형, W/O/W형	분산되어 있는 입자가 영양물질과 활성물질의 안정된 상태

◈ 화장품의 4대 요건

안전성	피부에 바를 때 자극과 알레르기, 독성이 없어야 함
안정성	보관에 따른 화장품의 변질이 없어야 함
사용성	피부에 대한 사용감과 제품의 편리성을 말함
유효성	사용 목적에 따른 효과와 기능을 말함

◈ 네일 화장물

① 네일 폴리시

네일 에나멜이라고도 하며, 손톱에 색채와 광택을 부여하여 아름답게 하는 목적으로 사용

② 네일 폴리시의 요구조건
- 적당한 점도의 안료가 균일하게 분산되어 있을 것
- 제거할 때 쉽게 깨끗이 지워져야 하며 착색이나 변색현상이 없을 것
- 도포 후 색상이나 광택의 지속성이 좋을 것
- 적당한 속도로 건조하여 균일한 피막을 형성할 것
- 손톱에 밀착된 피막이 쉽게 손상되거나 잘 벗겨지지 않을 것

◈ 향수의 부향률(농도)에 따른 분류

분류	지속시간	부향률	특징
퍼퓸(Perfume)	6~7시간	15~30%	향의 농도가 강하고 지속성이 높음
오드 퍼퓸 (Eau de Perfume)	5~6시간	9~12%	퍼퓸에 가까운 지속성을 가짐
오드 토일렛 (Eau de Toilet)	3~5시간	6~8%	오드 퍼퓸보다는 향이 약함
오드 코롱 (Eau de Cologne)	1~2시간	3~5%	향이 은은하여 향수를 처음 접하는 사람에게 적합
샤워 코롱 (Shower Cologne)	1시간	1~3%	향료의 함유량이 가장 낮으며, 샤워 후 가볍게 전신에 분사

◈ 기능성 화장품

① 특징
- 피부의 미백, 주름에 도움을 주는 제품
- 피부를 곱게 태워주거나 자외선으로부터 피부를 보호하는 데에 도움을 주는 제품
- 모발의 색상을 변화, 제거 또는 영양 공급에 도움을 주는 제품
- 피부나 모발의 기능 약화로 인한 건조함, 빠짐, 각질화 등을 방지하거나 개선하는 데 도움을 주는 제품

❷ 기능별 분류 및 주요 성분

미백 기능 화장품	기능	멜라닌 생성 억제 또는 제거를 통해 피부 톤을 밝게 함
	주요 성분	• 알부틴, 코직산, 감초 추출물, 닥나무 추출물 → 타이로신(티로신)의 산화를 촉매하는 타이로시나제의 작용 억제 • 비타민 C → 멜라닌 산화 억제 • 하이드로퀴논 → 멜라닌 세포 파괴 • AHA → 각질층을 용해하여 멜라닌 색소 제거
주름 개선 기능 화장품	기능	피부 탄력 유지 및 주름 개선
	주요 성분	• 레티놀 • 아데노신 • 베타카로틴

네일미용 기술

📋 네일 화장물 제거

⟫ 일반 네일 폴리시

❶ 성분

나이트로셀룰로스, 알키드, 아크릴, 설폰아마이드 수지, 송진, 벤젠, 톨루엔, 폴리초산비닐, 폼알데하이드, 구연산 에스터(에스테르), 캠퍼 등

❷ 제거 작업

- 네일 화장물 제거 시 자연 네일과 네일 주변이 손상되지 않도록 주의
- 짙은 에나멜은 문질러서 지울 경우 큐티클 라인에 번질 수 있으므로 가볍게 눌러 닦아낸 다음에 솜을 접어서 깨끗한 면으로 다시 닦아냄
- 손톱의 자극을 최소화 하기 위해 에나멜 리무버을 충분히 적셔 5~6초 정도 눌러준 후 제거

⟫ 젤 네일 폴리시

❶ 성분

베이스 젤, 화이트 젤, 핑크 또는 클리어 젤, 탑 젤, 젤 클렌저 등

❷ 제거 작업

- 네일 화장물 제거 시 자연 네일과 네일 주변이 손상되지 않도록 주의
- 제거제는 피부에 닿지 않도록 주의
- 소프트 젤은 아세톤 또는 젤 제거제, 하드 젤은 파일로 제거

> **Tip** 제거제
>
> 네일 화장물을 제거하는 제품을 통칭하여 제거제라고 하며, 제거제에는 네일 폴리시 리무버, 젤 네일 폴리시 리무버, 아세톤 등이 있음

📋 네일 관리

⟫ 보습제 도포

- 피부 상태에 따라 적절한 보습 제품 선택
- 보습 제품을 사용하여 큐티클을 부드럽게 함
- 보습 제품의 관리와 보관 시 사용시간을 숙지

네일 화장물 적용 전 처리

습식 매니큐어	물에 손을 담가 큐티클을 부드럽게 하여 손톱을 관리하는 방법
파라핀 매니큐어	• 건조한 손에 보습과 영양을 효과적으로 공급하는 관리 방법 • 파라핀의 완전 용해 온도: 52~55℃
핫오일 매니큐어	• 손이나 큐티클이 심하게 건조한 경우 사용하는 관리 방법 • 큐티클을 부드럽고 유연하게 하는 데 도움

네일 컬러링

습식 매니큐어	손 소독 → 폴리시 제거 → 쉐입 정돈 → 표면 정리 → 거스러미 제거 → 큐티클 정리 → 손 소독 → 유분 제거 → 베이스 코트 1회 바르기 → 폴리시 2회 바르기 → 탑 코트 1회 바르기 → 폴리시 건조
프렌치 매니큐어	손 소독 → 폴리시 제거 → 쉐입 정돈 → 표면 정리 → 거스러미 제거 → 큐티클 정리 → 손 소독 → 유분 제거 → 베이스 바르기 → 폴리시 바르기 → 탑 코트 바르기 → 폴리시 건조
파라핀 매니큐어	손 소독 → 폴리시 제거 → 쉐입 정돈 → 표면 정리 → 거스러미 제거 → 큐티클 정리 → 손 소독 → 유분 제거 → 베이스 바르기 → 파라핀 → 파라핀 제거 및 마사지 → 베이스 코트 및 유분기 제거 → 컬러링
핫오일 매니큐어	손 소독 → 폴리시 제거 → 쉐입 정돈 → 로션 워머에 손 담그기 → 표면 정리 → 거스러미 제거 → 큐티클 정리 → 손 소독 → 손 마사지 → 유분기 제거 → 컬러링

네일 폴리시 아트

❶ 일반 네일 폴리시 아트
- 네일 폴리시의 정의
  네일 락커, 컬러 폴리시, 네일 에나멜 등 다양한 명칭으로 불리며, 자연 손톱에 장식 목적으로 사용하는 화장품
- 네일 폴리시의 구성 성분

주요 성분	필름 형성제(나이트로셀룰로오즈), 레진, 가소제 등
주요 화학물질	톨루엔, 아세트산에틸, n-부틸 아세트산

- 네일 폴리시의 역할

베이스 코트	손톱 표면을 매끄럽게 하고 착색 방지
탑 코트	광택 부여 및 벗겨짐 방지

- 네일 폴리시 아트의 디자인 기법
  - 빠른 건조 특성을 활용한 아트 표현
  - 워터마블, 컬러 믹싱 등 다양한 기법
- 네일 폴리시 아트 도구
  세필 브러시, 라이너 브러시, 도트 툴 등
- 네일 폴리시 아트 디자인 순서
  주제 선정 → 자료 수집 → 밑그림 → 베이스 코트 도포 → 컬러링 → 디자인 → 탑 코트 도포

❷ 젤 네일 폴리시 아트
- 젤 네일의 정의
  빛에 반응하여 경화되는 폴리시로, 자외선 또는 할로겐 램프를 통해 경화됨
- 젤 네일의 종류
  베이스 젤, 탑 젤, 젤 폴리시, 하드 젤, 소프트 젤
- 젤 네일의 주요 성분
  아세톤, 이소프로판올, 에틸 카바메이트, 셀룰로오즈 등
- 젤 네일의 특징
  - 젤은 흐름성이 있어 브러시로 도포하며, 수정이 용이함
  - 작업 시간 단축 및 지속력 우수
- 젤 네일 폴리시 아트의 디자인 특징
  - 젤 램프를 활용한 경화 필요
  - 수정이 가능하여 정교한 디자인에 적합
  - 아크릴 네일의 단점을 보완

❸ 통 젤 네일 폴리시 아트
- 통 젤의 정의
  - 점도가 높은 젤로, 통에 담아 브러시로 덜어 사용하는 형태
  - 젤의 점성에 따라 다양한 디자인 표현이 가능
- 통 젤의 종류

컬러 통 젤	• 다양한 컬러와 발색력, 퍼짐성이 우수함 • 다른 젤과 혼합하여 원하는 색을 만들어 디자인 가능 • 단점: 점도가 낮아 물 흐르듯 조절이 어려워 큐티클 라인이나 손톱 주변으로 흐를 수 있음
스컬프처 통 젤	• 점도가 높고 퍼짐성이 적어 흘러내리지 않음 • 자연 네일 보강용 오버레이 및 자연 손톱 연장 시 사용 • "빌더 젤"이라고도 함
글리터 통 젤	• 투명 젤에 글리터를 혼합한 젤 • 글리터 입자 크기에 따라 그라데이션, 라인 등 다양한 표현 가능

❯ 네일 팁

❶ 네일 팁 선택

네일 팁 개요	인조 손톱을 자연 손톱 위에 부착하여 길이와 형태를 보완하는 재료
팁 활용법	손톱 상태에 따라 팁을 선택하고, 오버레이 기법으로 보강
오버레이	팁 위에 젤이나 아크릴을 덧발라 내구성을 높이는 작업

❷ 내추럴 팁 작업

내추럴 팁 정의	자연스러운 손톱 연장을 위한 투명한 팁
작업 목적	손톱 길이 연장 및 형태 보완
작업 절차	손톱 정리 → 팁 선택 → 접착 → 경계 정리 → 마무리

❸ 풀 커버 팁 작업

풀 커버 팁 정의	손톱 전체를 덮는 형태의 팁
작업 전 준비	손과 큐티클 정리, 위생 관리
팁 선택 시 주의사항	손톱 곡선과 맞는 사이즈 선택, 공기 유입 방지

❹ 프렌치 팁 작업

프렌치 팁 특징	다양한 컬러 선택 가능, 손톱 끝에 강조된 디자인
작업 순서	팁 선택 → 부착 → 길이 자르기 → 표면 정리 → 경계선 정리
완성 포인트	자연 손톱과 팁의 경계를 부드럽게 연결하여 형태 완성

❺ 팁을 이용한 연장

팁 연장 정의	인조 팁을 이용해 손톱 길이를 늘리는 기술
팁 종류	플라스틱 재질, 다양한 형태와 사이즈
접착 시 주의사항	접착제 과다 사용 시 들뜸 발생 가능 → 적정량 사용

❻ 네일 팁(인조손톱)의 종류와 형태

재질	나일론, 플라스틱, 아세테이트 등
팁 형태	풀 웰, 하프 웰, 노 웰
팁 모양	스퀘어, 오벌, 라운드, 포인티드, 발레리나

➤ 랩 네일

❶ 개념

정의	손톱을 감싸거나 덮어 보호하고 보강하는 기술로, 손톱 위에 천이나 종이 등을 부착하여 내구성을 높이는 방식
사용 목적	손톱 손상 방지, 손톱 연장, 손톱 보강, 시술 후 형태 유지

❷ 종류 및 특징
- 천, 종이 등의 랩 재단을 사용
- 접착제(글루)를 이용하여 고정
- 자연 손톱 위에 적용하여 보강 효과 우수

❸ 시술 과정

손톱 준비	• 손 소독 후 손톱 모양 및 큐티클 정리 • 손톱 표면을 인조 손톱 형태로 구성
랩 재단	• 랩 가장자리를 둥글게 잘라 손톱 곡선에 맞춤 • 큐티클 아래 약 1.5mm 간격 유지 • 손톱 선에 맞게 재단
글루 도포 및 C커브 형성	• 1차: 자연 손톱에만 글루 도포 • 2차: 연장 부위까지 글루 도포 • C커브는 2차 도포 후 대부분 형성
필러 파우더 도포	• 글루 위에 얇게 여러 번 뿌려 두께와 하이 포인트 형성 • 스트레스 포인트는 엄지로 눌러 안정화

④ 마무리
  • 2-way 또는 3-way 파일로 손톱 표면에 광을 냄
  • 페이퍼나 밀크 거즈를 사용하여 손톱 표면과 뒷면의 이물질 제거

  ☑ **더** 알아보기

  랩 네일의 절차 요약
  손 소독 및 폴리시 제거 → 큐티클 밀기 → 조체 길이 및 모양 다듬기 → 랩 재단 → 재단한 랩 부착 →
  글루 및 필러 파우더 뿌리기 → 글루 드라이 뿌리기 → 길이 정리 및 모양 만들기 → 표면 정리 및 이물질
  제거 → 글루 및 젤글루 바르기 → 글루 드라이 분사 및 버핑 → 오일 바르기 → 광택 및 마무리

젤 네일

① 젤 프렌치 스컬프처 시술

개념	화이트 프렌치 젤 스컬프처(흰색 젤로 프렌치 라인을 형성한 스컬프처)
특징	• 화이트 젤로 끝에 프렌치 라인을 만들고, 클리어 젤로 전체를 덮어 손톱을 연장하는 시술 • 선명한 스마일 라인 형성이 핵심 • 총 5회 큐어링 필요

② 젤 오버레이 시술

개념		자연 손톱 위에 젤을 덮어 보강하는 시술
특징		• 클리어 또는 핑크 젤 사용 • 내추럴 팁 방식과 유사하나 팁 색상에 차이가 있음
유형별 분류	내추럴 팁 위드 젤 오버레이	• 투명 팁을 자연 손톱에 부착한 후 젤을 덧발라 보강 • 클리어 또는 핑크 젤 사용
	화이트 팁 위드 젤 오버레이	• 화이트 팁을 부착한 후 젤로 오버레이하여 손톱을 보강 • 내추럴 팁 방식과 유사하나 팁 색상에 차이가 있음

③ 공통 시술 절차
  • 큐어링 시간은 제품에 따라 다르므로 제조사의 지침을 따를 것
  • 클리어 젤을 두껍게 도포할 경우 열감이 발생할 수 있으므로 주의
  • 큐티클 밀기는 오렌지 우드스틱을 사용해 부드럽게 진행

아크릴 네일

① 아크릴 네일의 개요
  • 아크릴의 종류

내추럴 네일 오버레이	자연 손톱의 보수·보강을 위해 오버레이
팁 위드 아크릴 오버레이	팁을 프리에지에 부착한 후 그 위에 아크릴 볼을 사용한 오버레이
아크릴 스컬프처	종이 폼을 프리에지 밑(하조피)에 받쳐놓고 아크릴 볼을 손톱 판에 얹어 인조 네일을 만듦

● 아크릴의 방법

원톤	투명 또는 반투명의 단일 색상 파우더(클리어, 핑크, 내추럴 중 하나)와 리퀴드를 혼합 사용
투톤	화이트 아크릴 볼은 프리에지 부분을 연장시키고, 조체는 핑크 아크릴 볼을 사용하여 인조 네일을 만듦

❷ 아크릴 원톤 스컬프처 시술 단계

시술 준비	손 소독 → 네일 폴리시 제거 → 큐티클 정리 → 쉐입 정돈 → 네일 표면 광택 제거
프라이머 도포	• 손톱의 유분 제거 및 접착력 향상을 위해 사용 • 팁, 프라이머, 글루 사용 시 피부에 닿지 않도록 주의 • 환기 철저, 마스크 착용
네일 폼 부착	• 폼이 뜨지 않도록 정확히 부착 • 손톱 끝과 폼이 자연스럽게 연결되도록 조절
아크릴 볼 형성	아크릴 파우더와 아크릴 리퀴드를 브러시에 적신 후 아크릴 볼 생성
아크릴 볼 올리기 및 연장	• 프리에지 끝쪽에 올려 방사형으로 펴 연장 길이 설정 • 자연 손톱 중앙에 올려 붓을 이용해 하이 포인트 중심 설정 후 쓸어내림 • 약간 묽은 볼로 큐티클 라인 1.5~2mm 이전까지 올려 마무리 • 핀칭으로 스트레스 포인트와 C커브 형성
네일 폼 제거	아크릴이 충분히 경화된 후 네일 폼 제거
쉐입 및 길이 다듬기	• 원하는 손톱 모양 완성 • 하이 포인트가 무너지지 않도록 주의 • 양 끝이 11자 라인이 되도록 정리
파일링	• 거친 파일(100그릿) → 중간 파일(180그릿) 순으로 사용 • 손으로 파일링 • 표면은 위에서 아래 방향으로 가로 파일링
표면 정리	• 큐티클 밀어 올리기(오렌지 우드스틱 또는 거즈 사용) • 거스러미 발생 시 니퍼로 제거
마무리	• 전체 형태 및 표면 확인 • 최종 정리 및 마무리

❸ 아크릴 프렌치 스컬프처 시술 절차

투톤 아크릴 스컬프처	손 소독 → 네일 폴리시 제거 → 큐티클 정리 → 쉐입 정돈 → 네일 표면 광택 제거 → 프라이머 바르기 → 네일 폼 끼우기 → 화이트 아크릴 볼을 얹어 스마일 라인 만들기 → 핑크 아크릴 볼 얹기 → 핀칭(C커브) → 네일 폼 제거 → 네일 모양 다듬기 → 표면 샌딩 → 큐티클 밀기 및 마무리
화이트 팁 위드 아크릴	손 소독 → 네일 폴리시 제거 → 큐티클 정리 → 쉐입 정돈 → 네일 표면 광택 제거 → 팁 사이즈 고르기 → 팁 붙이기 → 팁 길이 자르기 → 표면 광택 제거 → 프라이머 바르기 → 아크릴(핑크, 내추럴, 클리어 중 하나) 볼 얹기 → 네일 모양 다듬기 → 표면 샌딩 → 큐티클 밀기 및 마무리
내추럴 팁 위드 아크릴	손 소독 → 네일 폴리시 제거 → 큐티클 정리 → 쉐입 정돈 → 네일 표면 광택 제거 → 팁 사이즈 고르기 → 팁 붙이기 → 팁 길이 자르기 → 팁 턱 제거 후 표면 광택 제거 → 프라이머 바르기 → 아크릴(핑크, 내추럴, 클리어 중 하나) 볼 얹기 → 네일 모양 다듬기 → 표면 샌딩 → 큐티클 밀기 및 마무리

▶ 인조 네일 보수

- 인조 네일은 3~6개월간 지속력을 유지하지만 6개월 후에는 위생적·미적 측면을 고려하여 일정 기간 후 제거하는 것이 바람직함
- 자연 네일의 성장과 외적 자극으로 인해 들뜸이나 깨짐이 발생할 수 있으며, 이로 인해 곰팡이 균의 서식처가 되기 쉬움
- 보수 시술은 종류, 디자인, 고객의 직업 특성에 따라 시술 과정과 방법에 차이가 있음
- 유지 기간과 관계없이 보통 2~3주에 한 번씩 정기적인 보수가 필요함

팁 네일 보수	손 소독 → 네일 폴리시 제거 → 인조 네일 체크 → 큐티클 제거(니퍼로 거스러미 제거: 인조 네일 보수는 큐티클 오일 도포와 습식케어를 하지 않음) → 파일링(인조 네일과 자연 네일 사이 들뜸현상은 니퍼로 제거 후 보완) → 큐티클 라인과 피부에 주의하여 글루 바르기 → 필러 파우더 및 글루 드라이 분사(전체 도포 후 글루 재도포: 상태에 따라 2~3회 재도포) → 파일링 및 샌딩 → 젤글루 도포 → 큐티클 밀어 마무리
실크(랩) 네일 보수	손 소독 → 네일 폴리시 제거 → 인조 네일 체크 → 큐티클 제거(니퍼로 거스러미 제거: 인조 네일 보수는 큐티클 오일 도포와 습식케어를 하지 않음) → 파일링(인조 네일과 자연 네일 사이 들뜸현상은 니퍼로 제거 후 보완) → 큐티클 라인과 피부에 주의하여 글루 바르기 → 랩 접착 (자라난 자연 네일의 상태에 따라 랩을 덧붙여 실크가 뜨지 않도록 함) → 필러 파우더 및 글루 드라이 분사(전체 도포 후 글루 재도포: 상태에 따라 2~3회 재도포) → 파일링 및 샌딩 → 글루 및 젤글루 도포 → 큐티클 밀어 마무리
아크릴 네일 보수	손 소독 → 컬러 제거 및 인조 네일 상태 확인 → 큐티클 제거(니퍼로 거스러미 제거: 인조 네일 보수는 큐티클 오일 도포와 습식케어를 하지 않음) → 턱 제거 파일링 → 1차 프라이머 바르기 → 아크릴 볼 올리기 → 파일링 → 샌딩 → 마무리
젤 네일 보수	손 소독 → 컬러 제거 및 인조 네일 상태 확인 → 큐티클 제거(니퍼로 거스러미 제거: 인조 네일 보수는 큐티클 오일 도포와 습식케어를 하지 않음) → 턱 제거 파일링 → 프라이머 바르기 → 젤 올리기 → 큐어링 → 젤 클리너 → 파일 후 샌딩 → 탑 젤 후 큐어링 → 미경화 젤 닦기 → 마무리

Chapter 05

공중보건학

📋 공중보건학

▶▶ 공중보건학의 개념

❶ 정의

조직적인 지역사회의 노력을 통하여 질병을 예방하고 수명을 연장하며 신체적·정신적 건강과 효율을 증진시키는 기술이자 과학(윈슬로우, C.E.A Winslow, 1920년)

❷ 목적

- 질병 예방, 수명 연장, 신체적·정신적 건강 및 효율 증진
- 국민의 건강을 보호하고, 사회의 복지를 증진

❸ 범위

개인위생	개인의 청결과 건강을 유지하여 질병을 예방하는 것
환경위생	공기, 물, 토양 등 외부 환경을 청결히 유지하여 건강을 보호하는 것
식품위생	식품의 생산·가공·저장·운반·판매 전 과정에서 오염을 방지하여 안전한 식품을 제공하는 것
산업위생	작업환경에서 발생하는 유해 요인을 제거하거나 감소시켜 근로자의 건강을 보호하는 것
학교보건	학생과 교직원의 건강을 보호하고 쾌적한 학습 환경을 조성하는 것
모자보건	임산부와 영유아의 건강을 보호하고 증진시키는 것
노인보건	고령자의 신체적·정신적 건강을 유지하고 삶의 질을 향상시키는 것
정신보건	정신질환을 예방하고 심리적 안정을 유지하여 건전한 사회생활을 돕는 것

❹ 공중보건의 수준 평가방법

- 다른 나라와 보건 수준을 평가할 때 기준

평균 수명	0세의 평균여명
조사망률	1,000명당 1년간의 전체 사망자 수
비례사망률	전체 사망에 대한 특정 질병에 의한 사망을 백분율로 표시

- 다른 지역과 보건 수준을 평가할 때 기준
  - 영유아사망률: 1,000명당 생후 1년 미만의 사망자 수

⑤ 보건지표
- 한 사회나 국가의 건강 상태를 수치로 나타낸 것으로 보건 정책과 의료 서비스의 효과를 판단하는 자료로 활용
- 보건지표의 종류

조사망률	• 전체 인구 1,000명당 연간 사망자 수 • 국가의 전체 사망 수준을 파악하는데 활용
영아사망률	• 1세 미만 영아 1,000명당 사망자 수 • 보건 환경과 의료 수준을 평가하는 지표로 활용
비례 사망지수	전체 사망자 중 50세 이상의 사망자의 비율
평균 수명	• 한 사람이 평균적으로 기대할 수 있는 생존 연수 • 국가의 보건 수준과 생활 수준을 평가하는데 활용

▶ 건강과 질병

① 건강
단순히 허약하지 않은 상태만을 의미하는 것이 아니라 육체적·정신적·사회적으로 완전히 안녕한 상태 (WHO)

② 질병
- 심신의 전체 또는 일부가 일차적 또는 지속적으로 장애를 일으켜서 정상적인 생리 기능을 하지 못하는 상태
- 질병 발생의 3대 인자

병인	원충, 기생충, 온열, 한랭, 방사능, 화학약품, 강박신경증, 노이로제, 히스테리
숙주	연령, 성별, 유전, 직업, 개인위생, 식습관, 후천적 저항력, 건강상태
환경	기상, 계절, 지진, 쥐, 모기, 파리 등

📋 보건행정

▶ 보건행정

① 정의
공중보건의 이론을 바탕으로 국민의 질병 예방, 생명 연장, 건강증진을 위해 국가 및 지방자치단체(보건소, 질병관리청, 보건복지부 등)가 주도적으로 수행하고 활동하는 공적인 행정 활동

② 목표
질병 예방, 환경 위생 향상, 영양 개선, 의료 서비스 제공, 건강증진 등

❸ 주요 기능

기획 및 정책수립	국민건강 증진을 위한 계획과 정책을 수립
보건사업의 시행	예방접종, 건강검진, 환경위생관리 등의 사업을 수행
감염병 관리	감염병 발생 시 신고, 역학조사, 격리, 방역 등의 조치를 시행
보건 통계 관리	질병 발생률, 사망률 등의 통계를 수집·분석하여 보건 정책에 활용
사회보험	사회에 대한 보정을 목적으로 건강, 노후, 사망, 실업, 산업재해의 사고를 대비한 강제보험 (우리나라 4대 보험: 국민연금, 건강보험, 고용보험, 산재보험)

❹ 범위

보건 관계 기록의 보존, 대중에 대한 보수교육, 환경위생, 감염병 관리, 모자보건, 의료 및 보건 간호 등의 범위로 규정(WHO)

사회보장과 사회보험

❶ 사회보장

모든 국민이 건강하고 최선의 생활을 영위할 수 있도록 질병, 부상, 사망 등에 대한 보험 급여를 실시하고 국민 보건 향상을 위해 해주어야 하는 것

❷ 사회보장을 위한 사회 보험

국민연금, 고용보험, 산재보험, 장기요양 보험

세계보건기구(WHO, World Health Organization)

❶ 1948년 설립, 본부는 스위스 제네바

❷ 한국은 1949년 회원국으로 가입

가족보건

❶ 모자보건

목적	모성(母性) 및 영유아의 생명과 건강을 보호하고 건전한 자녀의 출산과 양육을 도모함으로써 국민 보건 향상에 이바지(모자보건법)
3대 목표	산전 보호 관리, 산욕 보호 관리, 분만 보호 관리
대상	• 모성: 임산부(임신부 및 산후 6개월 미만 여성) 및 가임기 여성 • 아동: 영유아(출생 후 6년 미만)와 미취학 아동
주요 활동	• 산전·산후 관리: 정기 검진, 상담, 출산 준비 교육 등 • 예방접종: 영유아 필수 예방접종 실시 및 관리 • 선천성 기형 및 난청 검사: 신생아 선별 검사 지원 • 영유아 성장 발달 관리: 건강한 성장과 발달을 위한 관리 및 교육을 제공

❷ 가족계획

정의	가족 구성원의 수, 터울 및 출산 시기를 스스로 결정하도록 지원함으로써, 개인과 가족의 건강과 복지를 증진하는 모든 활동
목표	개인의 건강권을 보장하고 사회·경제적 안정을 도모
주요 활동	• 피임 교육 및 상담: 다양한 피임 방법 정보를 제공하고 선택을 지원 • 불임 및 난임 관리: 불임 검사 및 치료에 대한 정보 제공 및 지원 • 성교육: 청소년 및 성인을 대상으로 한 올바른 성 지식 및 책임감 있는 출산 교육을 실시 • 출산 및 양육 지원 정책 연계: 건강한 출산과 양육을 위한 국가 지원 정보를 제공

노인보건

정의	노년기에 발생하는 신체적·정신적·사회적 문제를 예방하고 건강을 유지하며 삶의 질을 향상하기 위한 포괄적인 보건관리 활동
대상	노인복지법상의 노인(만 65세 이상) 또는 보건 정책상의 기준 연령 이상 인구
주요 활동	• 만성질환 관리: 고혈압, 당뇨병, 관절염 등 만성 퇴행성 질환의 예방 및 지속적인 관리 • 정신 건강: 우울증, 치매 등 정신질환의 조기 발견과 치료 및 예방 활동 • 기능 저하 예방: 신체 기능 및 인지 기능 유지를 위한 운동, 영양 교육, 재활 서비스를 제공 • 낙상 예방: 노인의 주요 손상 원인인 낙상 예방 교육 및 환경 개선 지원 • 노인 장기 요양보험 제도 연계: 돌봄이 필요한 노인에게 신체 활동 및 가사 활동 지원 등의 서비스를 제공

산업안전보건

❶ 산업재해
노동과정에서 발생하는 노동자의 심신 피해

❷ 산업안전대책 3대 요소
안전교육, 기술점검, 관리 및 규제

❸ 산업재해 3대 평가
도수율, 강도율, 빈도율

❹ 직업병

이상고온	열경련증 등
이상기압	(고압일 경우)잠함병 등
분진	석폐증(석탄), 규폐증(규석) 등
중금속	이따이이따이(카드뮴), 미나마타(수은) 등

❯❯ 인구문제와 가족계획

❶ 인구문제

증가	3M(기아, 질병, 사망)과 3P(인구, 빈곤, 공해)
감소	노동력이 부족할 경우 경제발전에 저하

❷ 인구조사(국세조사)

5년마다 11월 1일에 인구조사 시행

❸ 인구구조(인구구성)

피라미드형	출생률 > 사망률, 인구 증가
항아리형	출생률 < 사망률, 인구 감소
종형	출생률 = 사망률, 인구 정지
별형	청년층 > 노년층, 도시형
호로형	청년층 < 노년층, 농촌형

📋 환경보건

❯❯ 환경보건 정의와 관리 영역

❶ 환경오염과 유해화학물질 등이 사람의 건강과 생태계에 미치는 영향을 조사·평가하고 이를 예방·관리하는 것(환경보건법)

❷ 주요 관리 영역: 인간이 생활하는 환경 전반

물 관리	상수원 보호, 먹는 물 수질 관리, 하수 및 폐수 처리
공기 질 관리	대기 오염 물질을 감시하고 통제하며, 실내 공기 질을 관리
폐기물 관리	쓰레기 및 유해 폐기물을 안전하게 처리하고 재활용
소음 및 진동 관리	생활 소음 및 산업 소음을 규제하고 관리
화학 물질 및 유해 물질 관리	환경 중 유해 화학 물질의 노출을 평가하고 통제
기후 변화와 건강 관리	기후 변화로 인한 폭염, 한파, 감염병 변화 등에 대비하고 대응

❯❯ 기후

❶ 기후의 3대 요소: 기온, 기습, 기류

❷ 온열 작용의 4대 요소: 기온, 습도, 기류, 복사열

❸ 실내 쾌적 온열 조건: 기온 18~20℃, 상대 습도 40~70%

❹ 불쾌지수: 사람이 느끼는 더위와 불쾌감을 수치로 나타낸 지표

70 이상	10%의 사람이 불쾌감 느낌
75 이상	50%의 사람이 불쾌감 느낌
80 이상	대부분의 사람들이 불쾌감 느낌
85 이상	거의 모든 사람들이 불쾌감 느낌

공기

❶ 공기의 조성

정의	지구 대기를 구성하는 기체의 혼합물
특징	질소, 산소, 아르곤, 이산화탄소 등이 주된 성분이며, 수증기나 미세먼지 등은 그 양이 변동하는 부성분

❷ 성분별 특징

질소	• 조성 비율: 건조 공기의 약 78%를 차지하여 가장 많은 양을 차지 • 생리적 역할: 인체 생리 작용에 직접적인 영향을 주지 않는 불활성 기체
산소	• 조성 비율: 건조 공기의 약 21%를 차지하며, 생명 유지에 필수적인 기체 • 생리적 역할: 체내에서 세포 호흡에 사용되고 영양분을 산화시켜 에너지를 생산 • 농도 변화의 영향: 18% 이하에서는 산소 결핍 증상이 발생
이산화탄소	• 조성 비율: 건조 공기의 약 0.04%로 매우 적은 양을 차지 • 생리적 역할: 인체에서는 세포 호흡의 결과물로 발생하며, 혈액의 pH를 조절하는 중요한 역할 • 환경적 역할: 지구의 온실 효과에 기여하는 주요 기체

대기오염

정의	인위적인 행위에 의해 발생된 오염물질이 사람, 동식물의 생명 또는 재산에 해가 될 정도로 충분한 양, 충분한 시간 동안 대기 중에 존재하는 상태
물질	일산화탄소(CO), 질소산화물(NO), 황산화물(SO), 탄화수소(HC), 분진 등
유형	산성비, 스모그, 기온역전, 온난화, 오존층 파괴 등

수질 환경

❶ 물의 경도

물속에 녹아 있는 미네랄 이온의 양으로 구분

경수	수소와 산소로 이루어진 보통 물로 칼슘과 마그네슘의 함량이 많아 거품이 잘 일어나지 않음
연수	칼슘과 마그네슘 같은 미네랄 이온이 들어있지 않은 물로 거품이 잘 일어남

❷ 물의 보건상 문제

오염된 물로 인해 장티푸스, 콜레라, 이질, 파라티푸스, 유행성간염 등 수인성 감염병 야기

❸ 상수
- 생활용수, 공업용수, 농업용수 등으로 사용하기 위해 인위적으로 정수 처리한 깨끗한 물
- 상수의 위생 기준은 탁도, 냄새, 색도, 세균수, 잔류염소량 등을 포함하며, 수돗물은 인체에 해가 없는 수준으로 관리
- 상수의 주요 공급원은 지하수, 하천수, 저수지 등이며, 정수장의 여러 과정을 거쳐 안전하게 공급

❹ 상수의 정수 과정

집수 → 응집 → 침전 → 여과 → 소독(염소) → 급수

응집	물속의 미세한 불순물을 화학약품(응집제)을 사용하여 뭉치게 하는 과정
침전	응집된 물질을 침전지에서 가라앉히는 과정
여과	모래층이나 활성탄층을 통과시켜 남은 불순물을 제거하는 과정
소독	염소나 오존을 이용해 세균, 바이러스 등을 살균하는 과정

> **Tip** 염소(Cl2) 소독
> 소독 효과가 빠르고 침전물이 생기지 않으며 주입 시 조작이 간편하나, 냄새와 맛이 나며 자극적임

❺ 하수
- 생활, 산업, 농업 활동 후 배출되는 오염된 물
- 미생물, 유기물, 화학물질 등이 포함되어 있으며, 그대로 방류할 경우 수질 오염과 악취, 전염병의 원인
- 하수의 적절한 처리는 수질 오염 방지뿐만 아니라 지역의 위생환경을 개선하는 데 중요한 역할

❻ 하수의 정화 과정

침사지 → 폭기조(생물학적 처리) → 소독

침사지	모래, 자갈 등 큰 입자를 제거하는 과정
폭기조	미생물이 유기물을 분해하여 정화하는 과정
소독	처리된 물에 남은 세균을 제거하고 하천으로 방류하는 과정

❼ 하수 오염 지표

생화학적 산소요구량(BOD)	• 물의 오염도를 생물학적으로 측정하는 방법 • BOD가 높을수록 오염된 물
화학적 산소요구량(COD)	화학적 방법으로 물을 정화할 때 필요한 산소량
용존산소량(DO)	• 물에 녹아 있는 산소량 • DO가 높을수록 적은 오염 • 온도가 낮을수록 DO 증가
부유물질(SS)	오염물이나 쓰레기가 부유하지 않아야 함
수소이온농도(pH)	pH7 미만은 산성, pH7 초과는 알칼리성(염기성)

주거 및 의복 환경

① 주거환경
- 채광 조건

창의 크기	실내 바닥면적의 1/5~1/7 정도
창의 높이	벽 높이의 1/3 정도
창의 방향	남향
개각	4~5° 이상(각이 클수록 밝음)
입사각	28° 이상(각이 클수록 밝음)

- 조명의 종류

직접 조명	광원이 직접 빛을 비춤(서치라이트)
간접 조명	반사광이 물건을 비춤
전체 조명	전체적으로 밝게 비춤
부분 조명	정밀작업할 때 부분을 비춤

② 의복 환경
- 신체보호, 체온조절, 사회생활, 신체 청결, 미용 등에 용이할 것
- 온도, 습도, 기류 등에 조절력이 양호할 것
- 활동에 적합하고 감촉이 좋을 것
- 세탁이 쉽고, 오염에 강할 것

식품위생과 영양

식품위생과 식중독

식품위생	식품, 식품첨가물, 기구 또는 용기·포장을 대상으로 하는 음식물에 관한 위생
식중독	오염된 식품이나 물을 섭취함으로써 인체에 이상을 일으키는 질병으로, 원인에 따라 세균성 식중독, 자연독 식중독, 화학성 식중독 등으로 구분

식중독의 분류

① 세균성 식중독

감염형 식중독	살모넬라	오염된 날고기, 달걀, 소고기 및 잘 씻지 않은 채소, 과일 등
	장염비브리오	오염 어패류에 접촉한 도마, 식칼, 행주에 의한 2차 감염
	병원성 대장균	오염된 우유, 치즈, 김밥, 두부, 도시락 등

독소형 식중독	포도상구균	오염된 우유, 유제품, 떡, 김밥, 도시락
	보툴리누스균	오염된 육류, 소시지, 통조림제품 ※ 치사율이 높음
	웰치균	오염된 수유 및 육가공 식품, 어패류

② 자연독 식중독

| 식물성 식중독 | 무스카린(독버섯), 솔라닌(감자 싹), 아미그달린(살구씨와 복숭아씨 속 약용 성분) |
| 동물성 식중독 | 테트로톡신(복어), 베네루핀(굴의 내장) |

③ 화학성 식중독
- 농약, 세제, 중금속, 식품첨가물 등 화학물질에 의한 식중독
- 농산물에 남은 농약, 오래된 통조림의 납, 식품가공 중 과다한 보존료나 착색제 등이 원인
- 증상은 구토, 어지러움, 호흡곤란, 신경장애 등 다양하며, 화학물질 오·남용을 철저하게 관리

식품의 보존

① 물리적 보존법
물리적인 조건을 변화시켜 미생물의 생육을 억제하거나 사멸시키는 방법

저온저장법	냉장(0~5℃) 또는 냉동(-18℃ 이하)하여 미생물의 증식을 억제
가열살균법	일정한 온도에서 가열하여 병원균과 효소를 파괴
건조법	수분을 제거하여 미생물이 번식할 수 없는 환경을 조성
진공포장 및 밀봉법	산소를 차단하여 부패를 방지
방사선 조사법	감마선 등을 조사하여 식품 속 미생물을 제거

② 화학적 보존법
화학물질을 사용하여 부패를 지연시키거나 미생물의 번식을 억제하는 방법

소금 절임	고농도의 염분이 미생물의 수분 활동을 억제
설탕 절임	삼투압 작용으로 미생물의 생장을 억제
식초 절임(산성화)	낮은 pH로 세균의 생육을 억제
보존료 사용	아황산나트륨, 안식향산나트륨 등 합성 보존제를 사용하나, 기준량을 초과 금지

기생충 질환

① 선충류

회충	가장 높은 감염률
십이지장충(구충)	경구 및 경피 침입
요충증	집단감염률과 유아감염률 높음
말레이사상충	모기에 의해 감염

② 조충류

민촌충(무구조충)	덜 익은 소고기
갈고리촌충(유구조충)	덜 익은 돼지고기
긴촌충(광절열두조충)	덜 익은 연어, 농어 등

③ 흡충류

간흡충증(간디스토마)	• 1차 숙주: 쇠우렁이 • 2차 숙주: 잉어, 붕어
폐흡충증(폐디스토마)	• 1차 숙주: 다슬기 • 2차 숙주: 가재, 게
요꼬가와흡충증	• 1차 숙주: 다슬기 • 2차 숙주: 은어

▶ 영양

① 영양소의 3대 기능

열량 공급	체내의 에너지원으로 탄수화물, 단백질, 지방으로 구성
조직구성	단백질, 무기질, 물을 중심으로 구성
생리기능 조절	단백질, 지방, 탄수화물, 무기질, 비타민으로 구성

② 3대 · 4대 · 5대 영양소

구분	포함되는 영양소	주요 작용
3대 영양소	단백질, 탄수화물, 지방	열량 공급 · 인체 구성 작용
4대 영양소	단백질, 탄수화물, 지방, 무기질	인체 구성 작용
5대 영양소	단백질, 탄수화물, 지방, 무기질, 비타민	인체 구성 · 조절 작용

③ 비타민(결핍 시 증상)

구분	비타민	결핍 시 나타나는 증상
지용성	비타민 A	야맹증, 안구건조증
	비타민 D	구루병
	비타민 E	노화 촉진, 적혈구 용혈
	비타민 F	피부 건조
	비타민 K	혈액응고 지연
수용성	비타민 B1(티아민)	식욕부진, 신경장애
	비타민 B2(리보플라빈)	구각염
	비타민 B3(나이아신)	펠라그라병
	비타민 B6(피리독신)	단백질 대사 장애, 피부염
	비타민 B12(코발라민)	악성 빈혈
	비타민 C	괴혈병

❹ 무기질(결핍 시 증상)

무기질	결핍 시 나타나는 증상
철분(Fe)	빈혈
인(P)	뼈 발육 장애
아이오딘(I)	갑상선 기능 장애
칼슘(Ca)	뼈와 치아 발육 불량
나트륨(Na) / 칼륨(K)	근육 경련, 신경전달 장애, 전해질 불균형

📰 미생물 총론

▶ 미생물 개요

정의	육안으로 볼 수 없는 생물(짚신벌레, 해캄, 콜레라균, 장티푸스, 야광충, 누룩곰팡이)
역사	• 1665년 로버트 훅이 복합 광학현미경을 조립하여 코르크를 관찰하면서 발견한 작은 방의 구조를 보고 세포로 명칭 • 1675년 레벤후크는 현미경을 발명하여 미생물을 최초로 관찰하고 미소동물이라고 명명 • 1864년 루이 파스퇴르는 저온살균법을 처음으로 고안하였으며 발효·부패 미생물설, 자연발생설 부정 • 1882년 로베르트 코흐는 최초로 특정한 세균이 질병을 일으킴을 증명하고 하나의 미생물이 하나의 특정한 질병을 일으킨다는 병원균설을 확립하였으며 결핵균을 발견

▶ 미생물의 분류

❶ 병원성 미생물

바이러스	• 핵산과 단백질로만 이루어져 숙주에 의존해서 생활 • 간염 바이러스를 제외하고 열과 소독에 비교적 약함(종류에 따라 저항성 차이가 있음) • 수두, 인플루엔자, 소아마비, 유행성 이하선염, 광견병, AIDS, 간염, 천연두 등
세균	• 살아있는 생물이나 동물 조직에 침입하여 서식 • 번식 속도가 빨라 조직 내에서 유해 물질을 발생시켜 질병을 확산 • 둥근모양(구균), 막대모양(간균), 가늘고 긴 만곡된 모양(나선균) 등
리케차	• 세균처럼 단독 세포로 존재 • 절지동물에 기생 • 급성 열성 질환으로 발열, 피부발진, 맥관염 등의 증상 • 인수공통의 미생물 병원체
진균	• 곰팡이, 효모, 버섯류 등의 진균으로 박테리아보다 큰 진핵 세포로 구성 • 균사라고 하는 가는 실 모양의 세포로 이루어져 있고 격벽의 유무로 균류를 구분 • 무좀, 칸디다증 등의 피부질환을 야기

❷ 비병원성 미생물

발효균, 효모균, 유산균 등

❯ 미생물 생육에 영향 주는 외인성 인자

온도	• 최적온도: 미생물이 가장 빠르게 성장하는 온도	
	• 대부분의 병원성 세균은 인체 온도인 약 37℃	
상대습도	• 식품 표면 및 주변 환경의 습도에 영향을 주고, 미생물 성장에 중요하게 작용	
	• 높은 상대습도는 대부분의 미생물 성장에 유리	
대기 기체 조성 (산소 존재 여부)	호기성 미생물	산소가 있는 환경에서 성장
	혐기성 미생물	산소가 없는 환경에서 성장
	미호기성 미생물	매우 낮은 산소농도가 최적
	통성혐기성 미생물	산소 유무와 상관없이 성장

📋 역학과 감염병

❯ 감염병 발생 3대 요소

❶ 숙주

- 환자
- 보균자(건강보균자가 관리하기 가장 어려움)
- 병원체 보유 동물

쥐	페스트, 서교증, 와일씨병 등
들토끼	야토병 등
개	광견병(=공수병) 등
말	탄저병, 비저병 등

❷ 환경(감염 경로)

직접감염	직접 접촉	임질, 매독, 공수병, 서교병 등
	비말감염	결핵, 디프테리아, 백일해, 성홍열 등
간접감염	활성전파체감염	이(발진티푸스, 재귀열), 벼룩(페스트, 발진열), 파리(이질, 콜레라), 모기(일본뇌염, 황열, 말라리아) 등
	비활성전파체감염	식품(장티푸스, 파라티푸스, 이질), 물(장티푸스, 파라티푸스, 이질) 등

침입경로별 감염병
- 호흡기: 결핵, 나병, 디프테리아, 백일해, 조류독감, 인플루엔자 등
- 소화기: 콜레라, 세균성 이질, 장티푸스, 폴리오, 식중독 등
- 피부: 파상풍, 와일씨, 야토병, 페스트 등

❸ 병인

세균, 바이러스, 기생충, 독소, 화학물질 등 질병을 직접 일으키는 원인

🔻 면역

구분	선천적 면역	후천적 면역
형성 시기	출생 시부터 존재	감염·예방접종 후 형성
특이성	비특이적	특이적
반응 속도	빠름	느림
면역 기억	없음	있음
항체 생성	없음	있음
주요 역할	1차 방어	2차 방어

🔻 검역

❶ 국내외로 입·출국하는 항공기, 사람 및 화물을 검역하는 국가의 보건 조치와 검역감염병 예방을 위한 조치
❷ 검역감염병의 종류: 메르스, 에볼라바이러스, 황열, 콜레라, 폴리오, 페스트, 중증급성호흡기증후군, 신종인플루엔자감염증, 동물(조류)인플루엔자인체감염증

🔻 법정감염병

1급 감염병 (18종)	• 전파속도 빠르고 위험, 발생 즉시 신고해야 하고 격리 필요 • 두창, 페스트, 탄저, 보툴리눔독소증, 야토병, 신종인플루엔자감염증, 디프테리아, 신종감염병증후군 등
2급 감염병 (21종)	• 24시간 이내 신고해야 하고 격리 필요 • 결핵, 수두, 홍역, 콜레라, 장티푸스, 파라티푸스, 세균성이질, 장출혈성대장균감염증, A형간염, 백일해, 유행성이하선염, 폴리오, 한센병, 성홍열, 풍진, 수막구균감염증 등
3급 감염병 (28종)	• 24시간 이내 신고해야 하고 계속 감시 필요 • 파상풍, B형간염, 일본뇌염, 황열, 뎅기열, C형간염, 말라리아, 레지오넬라증, 비브리오패혈증, 발진티푸스, 발진열, 쯔쯔가무시증, 렙토스피라증, 브루셀라증, 공수병, 후천성면역결핍증(AIDS), 매독 등
4급 감염병 (23종)	• 7일 이내 신고해야 하고 표본 감시 필요 • 코로나바이러스감염증-19, 회충증, 편충증, 요충증, 간흡충증, 폐흡충증, 장흡충증, 수족구병, 임질, 살모넬라균 감염증, 장염비브리오균 감염증 등

공중위생관리

📋 공중위생관리

⟫ 공중위생관리

❶ 정의

사회 구성원의 건강을 보호하고 질병 확산을 예방하기 위한 집단적 위생 관리 활동

> ☑️ **더** **알아보기**
>
> 미용업에서의 공중위생
> 공중위생은 고객과 종사자의 건강을 지키고, 감염병 예방 및 쾌적한 서비스 환경 조성을 위해 필수적

❷ 목적

- 감염병 예방 및 확산 방지
- 고객의 신뢰 확보 및 서비스 품질 향상
- 법적 기준 준수를 통한 영업 안정성 확보
- 종사자의 건강 보호 및 안전한 근무 환경 조성

⟫ 위생관리의 기본 원칙

청결 유지	작업대, 도구, 손, 복장 등 모든 요소를 청결하게 유지
소독 및 살균	도구는 사용 후 세척 → 소독 → 건조 순으로 관리
일회용품 사용	파일, 퍼프, 장갑 등은 1회 사용 후 폐기
개인 위생	손톱 관리, 복장 청결, 건강 상태 점검 등
환경 위생	환기, 쓰레기 처리, 바닥·벽·기기 청소 등

⟫ 감염병 예방 및 대응

감염 경로 차단	혈액, 체액, 상처 등과의 접촉 시 장갑 착용 및 도구 폐기
위험 상황 대응	• 고객 피부에 이상 발견 시 서비스 중단 및 병원 안내 • 종사자 감염 의심 시 즉시 업무 중단 및 보고
실내 감염병 예방	• 하루 2회 이상 자연 환기 • 공기청정기 및 환기장치 점검

도구 및 제품 관리 및 소독

❶ 도구 관리의 중요성
- 고객 간 교차 감염을 예방하고, 위생적이고 안전한 서비스를 제공하기 위해 도구 관리가 필수적
- 모든 도구는 사용 전·후 철저한 관리가 필요하며, 관리 기준은 재질과 용도에 따라 달라짐

❷ 도구의 종류와 관리방법

도구 종류	관리 방법	주의사항
금속 도구(니퍼, 푸셔 등)	세척 → 소독 → 건조 → 보관	고온 소독 가능, 녹 방지
플라스틱 도구(팁, 폼 등)	세척 → 알코올 소독 → 건조	고온 소독 시 변형 우려
브러시류(젤 브러시 등)	젤 제거 → 세척 → 건조	털 빠짐 방지, 전용 클렌저 사용
전자기기(드릴, 램프 등)	외부 표면 소독 → 먼지 제거	내부 고장 방지, 물 사용 금지
일회용품(파일, 퍼프, 장갑 등)	1회 사용 후 폐기	재사용 금지, 폐기물 분리 배출

❸ 제품 관리 기준

보관	직사광선, 고온·다습한 환경을 피하고, 밀폐 용기에 보관
유통기한 확인	개봉일자 기록하고 유효기간 경과 제품은 즉시 폐기
오염 방지	제품 사용 시 도구로 덜어 사용하며, 손 직접 접촉 금지
분류 관리	젤, 클렌저, 리무버 등 제품별로 구분하여 보관

📋 소독

소독의 개요

❶ 정의
병원성 미생물을 제거하거나 사멸시켜 감염 위험을 줄이는 행위

❷ 종류와 방법

소독 방법	적용 대상	특징
물리적 소독(고온, 자외선 등)	금속 도구, 내열성 기기	고온 소독기, UV 소독기 사용
화학적 소독(알코올, 소독제 등)	플라스틱 도구, 작업대, 손	70% 이상 알코올, 살균 소독제 사용
손 소독	종사자 및 고객 손	손 세정제 또는 손 소독제 사용
환경 소독	바닥, 벽, 환기구 등	희석된 소독액으로 닦아냄

Tip
네일 서비스에서는 도구, 손, 작업대, 기기 등 다양한 대상에 대해 소독이 필요함

≫ 소독 절차(도구 기준)

세척	흐르는 물과 중성세제로 이물질 제거
소독	고온 또는 화학 소독제 사용
건조	자연 건조 또는 전용 건조기 사용
보관	밀폐된 곳에 보관해 교차 오염 방지

≫ 소독 관련 법규 및 기준

법적 기준	「공중위생관리법 시행규칙」에 따라 미용업소는 소독설비를 갖추고 정기적으로 소독을 실시해야 함
소독설비 필수 항목	• 고온 소독기 또는 자외선 소독기 • 소독제 및 소독용기 • 손 소독제 비치
소독 기록 관리	• 소독 일지 작성 권장(날짜, 대상, 방법 등 기재) • 보건소 점검 시 제출 가능

📋 공중위생관리법

≫ 공중위생관리법의 목적

국민의 건강과 생명을 보호하기 위해 공중위생영업의 위생 수준을 향상시키고, 위생적 환경을 조성하는 것

> ☑️ 더 ✓ 알아보기
>
> **위생관리 관련 법규**
> • 공중위생관리법: 미용업소는 위생 기준을 준수해야 하며, 위반 시 행정처분 대상
> • 감염병예방법: 감염병 발생 시 보건소에 신고 의무
> • 영업주 책임: 종사자뿐 아니라 사업자도 함께 책임을 질 수 있음
> • 위반 시 처분: 경고 → 과태료 → 영업정지 → 자격 취소(단계적 적용)

≫ 공중위생영업의 범위

❶ 미용업, 이용업, 숙박업, 목욕장업, 세탁업, 건물위생관리업 등
❷ 네일미용업은 미용업의 세부 업종으로 분류되며, 별도의 면허가 필요함

영업의 신고 및 폐업

영업의 신고	• 공중위생영업의 종류별로 보건복지부령이 정하는 시설 및 설비를 갖추고 시장·군수·구청장에게 신고 • 구비 서류: 영업시설 및 설비개요서, 교육수료증(미리 교육을 받은 경우에만 해당), 면허증(이용업·미용업의 경우에만 해당)
영업의 변경 신고	보건복지부령이 정하는 아래의 중요사항을 변경하고자 하는 때에도 시장·군수·구청장에게 신고해야 함 • 영업소의 명칭 또는 상호 • 영업소의 주소 • 신고한 영업장 면적의 1/3 이상의 증감 • 대표자의 성명 또는 생년월일
영업의 폐업 신고	• 공중위생 영업자는 영업을 폐업한 날로부터 20일 이내에 시장·군수·구청장에게 신고 • 면허를 소지하지 아니한 자가 상속인이 된 경우, 그 상속인은 상속받은 날로부터 3개월 이내에 폐업 신고
영업의 승계	• 양수·양도, 상속, 법인 합병의 경우 영업 승계 • 해당 영업에 필요한 면허를 소지한 자만 승계 가능 • 승계한 자는 1개월 내 시장·군수·구청장에게 신고

영업자 준수사항

① 미용업자 준수사항
공중위생영업자는 고객에게 건강상 위해 요인이 발생하지 아니하도록 영업 관련 시설 및 설비를 위생적이고 안전하게 관리

② 미용업자 위생관리 기준
- 의료기구와 의약품을 사용하지 아니하는 순수한 화장 또는 피부미용을 할 것
- 미용기구는 소독을 한 기구와 소독을 하지 아니한 기구로 구분하여 보관
- 면도기는 1회용 면도날만을 손님 1인에 한하여 사용
- 영업장 안의 조명도는 75럭스 이상을 유지
- 영업소 내부에 미용업 신고증, 개설자의 면허증 원본 게시
- 최종지급요금표(부가가치세, 재료비 및 봉사료 등이 포함된 요금표)를 영업소 안에 게시. 단, 영업장 면적이 $66m^2$ 이상인 영업소는 외부에도 요금표 게시
- 3가지 이상 서비스를 제공하는 경우 개별 서비스 가격 및 총액의 내역서를 고객에게 미리 제공하고, 해당 내역서 사본을 1개월 이상 보관

▶ 면허

면허발급 자격 기준	• 전문대학 또는 이와 같은 수준 이상의 학력이 있다고 교육부장관이 인정하는 학교에서 미용에 관한 학위를 취득한 자 • 「학점인정 등에 관한 법률」에 따라 대학 또는 전문대학을 졸업한 자와 같은 수준 이상의 학력이 있는 것으로 인정되어 같은 법 제9조에 따라 미용에 관한 학위를 취득한 자 • 고등학교 또는 이와 같은 수준의 학력이 있다고 교육부장관이 인정하는 학교에서 미용에 관한 학과를 졸업한 자 • 초·중등교육법령에 따른 특성화고등학교, 고등기술학교나 고등학교 또는 고등기술학교에 준하는 각종 학교에서 1년 이상 미용에 관한 소정의 과정을 이수한 자 • 국가기술자격법에 의한 미용사 자격을 취득한 자
면허 결격사유	• 피성년후견인 • 「정신건강증진 및 정신질환자 복지서비스 지원에 관한 법률」에 따른 정신질환자. 단, 전문의가 미용사로서 적합하다고 인정하는 사람은 제외 • 공중의 위생에 영향을 미칠 수 있는 감염병 환자(결핵)로서 보건복지부령이 정하는 자. 단, 비감염성인 경우 제외 • 마약 기타 대통령령으로 정하는 약물 중독자(대마 또는 향정신성의 약품 중독자) • 면허가 취소된 후 1년이 경과되지 아니한 자
면허 취소	• 피성년후견인, 정신질환자, 감염병자, 마약 기타 대통령령으로 정하는 약물 중독자 • 면허증을 다른 사람에게 대여한 때 • 「국가기술자격법」에 따라 자격이 취소된 때 • 「국가기술자격법」에 따라 자격정지 처분을 받은 때 • 이중으로 면허를 취득한 때 • 면허정지처분을 받고도 그 정지 기간 중에 업무를 한 때 • 「성매매알선 등 행위의 처벌에 관한 법률」이나 「풍속영업의 규제에 관한 법률」을 위반하여 관계기관의 장으로부터 그 사실을 통보받은 때

▶ 업무

❶ 미용사의 업무범위

미용사의 면허를 받지 아니한 자는 미용업을 개설하거나 그 업무에 종사 불가. 다만, 미용사의 지도/감독을 받아 미용 업무의 보조를 행하는 경우는 가능

☑ 더 알아보기

업무의 보조범위

• 미용 업무를 위한 사전 준비에 관한 사항
• 미용 업무를 위한 기구·제품 등의 관리에 관한 사항
• 영업소의 청결 유지 등 위생관리에 관한 사항
• 그 밖에 머리감기 등 미용 업무의 보조에 관한 사항

❷ 미용업의 영업범위

미용 업무는 영업소 외의 장소에서 행할 수 없으나, 보건복지부령이 정하는 아래의 특별한 사유가 있는 경우 가능

- 질병·고령·장애나 그 밖의 사유로 영업소에 나올 수 없는 자에 대해 미용을 하는 경우
- 혼례나 그 밖의 의식에 참여하는 자에 대해 그 의식 직전에 미용을 하는 경우
- 사회복지시설에서 봉사활동으로 미용을 하는 경우
- 방송 등의 촬영에 참여하는 사람에 대하여 그 촬영 직전에 미용을 하는 경우
- 그 외 특별한 사정이 있다고 시장·군수·구청장이 인정하는 경우

행정지도감독

영업소 출입 검사	• 공중위생관리상 필요하다고 인정하는 때에는 공중위생영업자에 대하여 필요한 보고를 하게 함 • 소속 공무원으로 하여금 영업소, 사무소 등에 출입하여 공중위생영업자의 위생관리의무 이행 등에 대하여 검사하게 하거나 필요에 따라 공중위생영업장 서류를 열람
영업 제한	공익상 또는 선량한 풍속을 유지하기 위하여 필요하다고 인정하는 때에는 공중위생영업 자 및 종사원에 대하여 영업시간 및 영업행위에 관한 필요한 제한을 할 수 있음(시·도 지사의 권한)
영업소 폐쇄	시장·군수·구청장은 미용업자가 아래의 사항을 위반하면 6개월 이내의 기간을 정하여 영업의 정지 또는 일부 시설의 사용중지 및 폐쇄를 명할 수 있음 • 영업신고를 하지 아니하거나 시설과 설비기준을 위반한 경우 • 변경신고나 지위승계신고를 하지 아니한 경우 • 위생관리의무 등을 지키지 아니한 경우 • 영업소 외의 장소에서 미용 업무를 한 경우 • 관계 공무원의 출입·검사 또는 공중위생영업 장부 또는 서류의 열람을 거부·방해하 거나 기피한 경우 • 「성매매알선 등 행위의 처벌에 관한 법률」, 「풍속영업의 규제에 관한 법률」, 「청소년 보호법」, 「아동·청소년의 성보호에 관한 법률」 또는 「의료법」을 위반하여 관계 행정 기관의 장으로부터 그 사실을 통보받은 경우
영업소 폐쇄 명령 위반 시 조치사항	• 해당 영업소의 간판, 기타 영업표지물의 제거 • 해당 영업소가 위법한 영업소임을 알리는 게시물 등의 부착 • 영업을 위하여 필수불가결한 기구 또는 시설물을 사용할 수 없게 하는 봉인

❥ 공중위생감시원 임명(시·도지사, 시장·군수·구청장 권한)

자격	• 위생사 또는 환경기사 2급 이상의 자격증이 있는 사람 • 「고등교육법」에 따른 대학에서 화학, 화공학, 환경공학 또는 위생학 분야를 전공하고 졸업한 사람 또는 법령에 따라 이와 같은 수준 이상의 학력이 있다고 인정되는 사람 • 외국에서 위생사 또는 환경기사의 면허를 받은 사람 • 1년 이상 공중위생 행정에 종사한 경력이 있는 사람
업무	• 공중위생영업 관련 시설 및 설비의 위생상태 확인·검사, 위생관리의무 및 영업자 준수사항 이행 여부 확인 • 위생지도 및 개선명령 이행여부의 확인 • 영업의 정지, 일부 시설의 사용중지 또는 영업소 폐쇄명령 이행여부의 확인 • 위생교육 이행여부의 확인

❥ 명예공중위생감시원 임명(시·도지사 권한)

자격	• 공중위생에 대한 지식과 관심이 있는 자 • 소비자단체, 공중위생관련 협회 또는 단체의 직원 중에서 당해 단체 등의 장이 추천하는 자
업무	• 공중위생감시원이 행하는 검사대상물의 수거 지원 • 법령 위반행위 시에 대한 신고 및 자료 제공 • 공중위생에 관한 홍보·계몽 등 공중위생관리업무와 관련하여 시·도지사가 따로 정하여 부여하는 업무

❥ 업소 위생 등급

❶ 위생서비스 평가

- 시·도지사가 위생서비스 평가 계획 수립
- 시장·군수·구청장은 수립된 계획에 따라 평가
- 시장·군수·구청장이 인정하는 경우 관련 기관에서 평가 실시

❷ 위생서비스 수준의 평가 주기

2년 마다 실시

❸ 위생등급

- 위생관리등급의 구분

최우수업소	녹색등급
우수업소	황색등급
일반관리대상 업소	백색등급

- 위생관리등급의 공표
  - 시장·군수·구청장은 위생서비스 평가결과에 따른 위생관리등급을 해당 공중위생영업자에게 통보하고 이를 공표
  - 공중위생영업자는 위생관리등급의 표지를 영업소의 명칭과 함께 영업소의 출입구에 부착 가능

④ 위생 감시(시·도지사, 시장·군수·구청장)
- 시·도지사 또는 시장·군수·구청장은 위생서비스의 평가결과에 따른 위생관리등급별로 영업소에 대한 위생 감시를 실시
- 영업소에 대한 출입검사와 위생감시의 실시주기 및 횟수 등 위생관리등급별 위생 감시 기준은 보건복지부령으로 정함

위생교육

① 영업자 위생교육
- 영업자는 매년 3시간 필수 교육
- 새로 영업신고 하려면 위생교육 사전 이수 필수

☑ 더 알아보기

영업 개시 후 6개월 내 교육이 인정되는 경우
- 천재지변, 본인의 질병·사고, 업무상 국외 출장 등의 사유로 교육을 받을 수 없는 경우
- 교육을 실시하는 단체의 사정 등으로 미리 교육을 받기 불가능한 경우

- 교육 내용
  - 공중위생관리법 및 관련법규
  - 소양교육(친절 및 청결에 관한 사항 포함)
  - 기술교육
  - 그 밖의 공중위생에 관하여 필요한 내용
- 교육 대체 사유와 면제 사유

교육 대체 사유	위생교육 대상자 중 도서 벽지 지역에서 영업을 하고 있거나 하려는 자에 대하여는 교육교재를 배부하여 이를 익히고 활용함으로써 교육에 갈음
교육 면제 사유	위생교육을 받은 날로부터 2년 이내에 위생교육을 받은 업종과 같은 업종의 영업을 하려는 경우에는 해당 영업에 대한 위생교육을 받은 것으로 갈음

② 위생교육기관
- 위생교육기관 자격: 보건복지부 장관이 허가한 단체 또는 공중위생업자 단체
- 위생교육기관의 의무
  - 위생교육 실시 단체의 장은 수료증을 교부
  - 교육 후 1개월 이내 시장·군수·구청장에게 통보
  - 수료증, 교부대장 등 교육에 관한 기록은 2년 이상 보관·관리
  - 교육교재를 편찬하여 교육 대상자에게 제공

🔶 교육 및 지도 점검

정기 위생교육	연 1회 이상 보건소 또는 위생교육기관에서 실시
현장 점검	보건소에서 정기 또는 수시로 위생 상태 점검
위반 시 조치	경고 → 과태료 → 영업정지 → 면허 취소 순으로 단계적 제재

🔶 위생관리 점검 항목(자체 체크리스트 예시)

점검 항목	점검 기준	점검 주기
손 위생	손 씻기 및 손 소독제 사용	매 고객 시
도구 소독	사용 후 즉시 소독	매 사용 후
작업대 청소	먼지, 오염물 제거	1일 1회 이상
쓰레기 처리	분리배출 및 밀폐	1일 1회 이상
환기 상태	창문 개방 또는 환기장치 작동	1일 2회 이상

🔶 벌칙과 과태료

❶ 위반자에 대한 벌칙(징역 또는 벌금)과 과징금

1년 이하의 징역 또는 1천만 원 이하의 벌금	• 공중위생영업의 신고를 하지 아니하고 영업한 자 • 영업소 폐쇄 명령을 받고도 계속해서 영업한 자 • 영업정지, 일부 시설의 사용 중지 명령을 받고도 그 기간 중 영업하거나 그 시설을 사용한 자
6개월 이하의 징역 또는 500만 원 이하의 벌금	• 공중위생영업의 변경 신고를 하지 않은 자 • 공중위생영업의 지위를 승계한 자로서 신고(1월 이내)를 아니한 자 • 건전한 영업 질서를 위하여 준수해야 할 사항을 준수하지 아니한 자
300만 원 이하의 벌금	• 이용사 면허를 빌려주거나 빌린 사람 • 면허의 취소 또는 정지 중 미용업을 한 사람 • 면허를 받지 아니하고 미용업을 개설하거나 그 업무에 종사한 사람
과징금 처분	• 영업정지 처분에 갈음하여 1억 원 이하의 과징금을 부과 • 통지받은 날로부터 20일 이내에 과징금을 납부 • 과징금 부과 권한은 시장·군수·구청장에게 있음 • 과징금 징수 절차는 보건복지부령으로 정함

❷ 과태료 규정 및 처분

과태료 부과	보건복지부장관 또는 시장·군수·구청장이 부과·징수
300만 원 이하의 과태료	• 관계 공무원의 출입·검사 그 밖의 조치를 거부·방해 또는 기피한 경우 • 미용 시설 및 설비 개선 명령을 위반한 경우
200만 원 이하의 과태료	• 미용업소의 위생관리의무를 지키지 않은 경우 • 영업소 이외의 장소에서 미용 업무를 행한 경우 • 위생교육을 받지 않은 경우

❸ 양벌규정

법인의 대표자, 법인 또는 개인의 대리인, 사용인, 그 밖의 종업원이 위반행위를 하면 행위자를 벌하는 외에 그 법인 또는 개인에게도 해당 조문의 벌금형 부과

행정처분

위반행위	행정처분기준			
	1차 위반	2차 위반	3차 위반	4차 이상 위반
가. 법 제3조 제1항 전단에 따른 영업신고를 하지 않거나 시설과 설비기준을 위반한 경우				
1) 영업신고를 하지 않은 경우	영업장 폐쇄명령			
2) 시설 및 설비기준을 위반한 경우	개선명령	영업정지 15일	영업정지 1월	영업장 폐쇄명령
나. 법 제3조 제1항 후단에 따른 변경신고를 하지 않은 경우				
1) 신고를 하지 않고 영업소의 명칭 및 상호 또는 영업장 면적의 3분의 1 이상을 변경한 경우	경고 또는 개선명령	영업정지 15일	영업정지 1월	영업장 폐쇄명령
2) 신고를 하지 않고 영업소의 소재지를 변경한 경우	영업정지 1월	영업정지 2월	영업장 폐쇄명령	
다. 법 제3조의2 제4항에 따른 지위승계신고를 하지 않은 경우	경고	영업정지 10일	영업정지 1월	영업장 폐쇄명령
라. 법 제4조에 따른 공중위생영업자의 준수사항을 지키지 않은 경우				
1) 소독을 한 기구와 소독을 하지 않은 기구를 각각 다른 용기에 넣어 보관하지 아니하거나 1회용 면도날을 2인 이상의 손님에게 사용한 경우	경고	영업정지 5일	영업정지 10일	영업장 폐쇄명령
2) 이·미용업 신고증 및 면허증 원본을 게시하지 않거나 업소 내 조명도를 준수하지 않은 경우	경고 또는 개선명령	영업정지 5일	영업정지 10일	영업장 폐쇄명령
3) 별표4 제4호 자목 전단을 위반하여 개별 이용서비스의 최종 지급가격 및 전체 이용서비스의 총액에 관한 내역서를 이용자에게 미리 제공하지 않은 경우	경고	영업정지 5일	영업정지 10일	영업정지 1월
마. 법 제5조를 위반하여 카메라나 기계장치를 설치한 경우	영업정지 1월	영업정지 2월	영업장 폐쇄명령	
바. 법 제7조 제1항 각 호의 어느 하나에 해당하는 면허 정지 및 면허 취소 사유에 해당하는 경우				

1) 법 제6조 제2항 제1호부터 제4호까지에 해당하게 된 경우	면허취소			
2) 면허증을 다른 사람에게 대여한 경우	면허정지 3월	면허정지 6월	면허취소	
3) 「국가기술자격법」에 따라 자격이 취소된 경우	면허취소			
4) 「국가기술자격법」에 따라 자격정지처분을 받은 경우(「국가기술자격법」에 따른 자격정지처분 기간에 한정한다)	면허정지			
5) 이중으로 면허를 취득한 경우(나중에 발급받은 면허를 말한다)	면허취소			
6) 면허정지처분을 받고도 그 정지 기간 중 업무를 한 경우	면허취소			
사. 법 제8조 제2항을 위반하여 영업소 외의 장소에서 이·미용 업무를 한 경우	영업정지 1월	영업정지 2월	영업장 폐쇄명령	
아. 법 제9조에 따른 보고를 하지 않거나 거짓으로 보고한 경우 또는 관계 공무원의 출입, 검사 또는 공중위생영업 장부 또는 서류의 열람을 거부·방해하거나 기피한 경우	영업정지 10일	영업정지 20일	영업정지 1월	영업장 폐쇄명령
자. 법 제10조에 따른 개선명령을 이행하지 않은 경우	경고	영업정지 10일	영업정지 1월	영업장 폐쇄명령
차. 「성매매알선 등 행위의 처벌에 관한 법률」, 「풍속영업의 규제에 관한 법률」, 「청소년 보호법」, 「아동·청소년의 성보호에 관한 법률」 또는 「의료법」을 위반하여 관계 행정기관의 장으로부터 그 사실을 통보받은 경우				
1) 손님에게 성매매알선 등 행위 또는 음란행위를 하게 하거나 이를 알선 또는 제공한 경우				
가) 영업소	영업정지 3월	영업장 폐쇄명령		
나) 이·미용사	면허정지 3월	면허취소		
2) 손님에게 도박 그 밖에 사행행위를 하게 한 경우	영업정지 1월	영업정지 2월	영업장 폐쇄명령	
3) 음란한 물건을 관람·열람하게 하거나 진열 또는 보관한 경우	경고	영업정지 15일	영업정지 1월	영업장 폐쇄명령
4) 무자격안마사로 하여금 안마사의 업무에 관한 행위를 하게 한 경우	영업정지 1월	영업정지 2월	영업장 폐쇄명령	

카. 영업정지처분을 받고도 그 영업정지 기간에 영업을 한 경우	영업장 폐쇄명령			
타. 공중위생영업자가 정당한 사유 없이 6개월 이상 계속 휴업하는 경우	영업장 폐쇄명령			
파. 공중위생영업자가 「부가가치세법」 제8조에 따라 관할 세무서장에게 폐업신고를 하거나 관할 세무서장이 사업자 등록을 말소한 경우	영업장 폐쇄명령			
하. 공중위생영업자가 영업을 하지 않기 위하여 영업시설의 전부를 철거한 경우	영업장 폐쇄명령			

02

8개년
CBT 기출복원문제
(2018년~2025년)

제1회 CBT 기출복원문제

✯✯ 01

다음 중 이·미용실에서 사용하는 타월을 철저하게 소독하지 않았을 때 주로 발생할 수 있는 감염병은?

① 장티푸스
② 트리코마
③ 페스트
④ 일본뇌염

> 트리코마는 접촉성 감염병으로, 소독되지 않은 타월이나 기구를 통해 전파될 수 있다. 나머지 보기는 물이나 절지동물 매개로 발생할 수 있는 감염병이다.

✯ 02

피부의 면역에 관한 설명으로 옳은 것은?

① 세포성면역에는 보체, 항체 등이 있다.
② T림프구는 항원전달세포에 해당한다.
③ B림프구는 면역글로불린이라고 불리는 항체를 생성한다.
④ 표피에 존재하는 각질형성세포는 면역조절에 작용하지 않는다.

> B림프구는 항체(면역글로불린)를 생성하는 세포이므로 올바른 설명이다.

✯✯ 03

다음 중 감염병 관리상 가장 중요하게 취급해야 할 대상자는?

① 건강보균자
② 잠복기환자
③ 현성환자
④ 회복기보균자

> 건강보균자는 증상이 없지만 병원체를 전파할 수 있어 감염병 관리에서 가장 중요하게 취급된다.

✯ 04

세계보건기구에서 규정한 보건행정의 범위에 속하지 않는 것은?

① 보건관례기록의 보존
② 환경위생과 감염병 관리
③ 보건통계와 만성병 관리
④ 모자보건과 보건간호

> 보건통계와 만성병 관리는 보건행정의 보조 영역이며, 세계보건기구(WHO)가 규정한 핵심 범위에는 포함되지 않다.

✯✯ 05

법정 감염병 중 제4급 감염병에 속하는 것은?

① 콜레라
② 디프테리아
③ 황열
④ 말라리아

> 황열은 제4급 감염병으로, 해외 유입 가능성이 있다.

✦✦✦ 06

석탄산 소독에 대한 설명으로 틀린 것은?

① 단백질 응고작용이 있다.
② 저온에서는 살균효과가 떨어진다.
③ 금속기구 소독에 부적합하다.
④ 포자 및 바이러스에 효과적이다.

> 석탄산은 포자나 바이러스에는 효과가 미약하므로 틀린 설명이다.

✦✦✦ 07

멜라노사이트(Melanocyte)가 주로 분포되어 있는 곳은?

① 투명층
② 기저층
③ 각질층
④ 과립층

> 멜라노사이트는 기저층에 위치하며, 멜라닌 색소를 생성해 피부색을 결정한다.

✦✦✦ 08

소독용 승홍수의 희석 농도로 적합한 것은?

① 10~20%
② 5~7%
③ 2~5%
④ 0.1~0.5%

> 승홍수는 독성이 강하므로 0.1~0.5%의 희석 농도로 사용해야 안전하다.

✦ 09

피부의 기능과 그 설명이 틀린 것은?

① 보호기능 - 피부표면의 산성막은 박테리아의 감염과 미생물의 침입으로부터 피부를 보호한다.
② 흡수기능 - 피부는 외부의 온도를 흡수·감지한다.
③ 영양분교환기능 - 프로비타민 D가 자외선을 받으면 비타민 D로 전환된다.
④ 저장기능 - 진피조직은 신체 중 가장 큰 저장기관으로 각종 영양분과 수분을 보유하고 있다.

> 진피는 저장기관이 아니므로 과장된 설명이다.

✦✦✦ 10

공중위생영업소의 위생서비스 평가 계획을 수립하는 자는?

① 시·도지사
② 안전행정부장관
③ 대통령
④ 시장·군수·구청장

> 공중위생관리법에 따라 위생서비스 평가 계획은 시·도지사가 수립한다.

✦ 11

피부표면에 물리적인 장벽을 만들어 자외선을 반사하고 분산하는 자외선 차단 성분은?

① 옥틸메톡시신나메이트
② 파라아미노안석향산(PABA)
③ 이산화티타늄
④ 벤조페논

> 이산화티타늄은 자외선을 반사하는 물리적 차단제이다. 나머지 보기는 화학적 흡수제이다.

12 ★★★

다음 중 이·미용사 면허를 받을 수 없는 자는?

① 교육부장관이 인정하는 고등기술학교에 6개월 이상 이·미용에 관한 소정의 과정을 이수한 자
② 전문대학에서 이·미용에 관한 학과를 졸업한 자
③ 국가기술자격법에 의한 이·미용사의 자격을 취득한 자
④ 고등학교에서 이·미용에 관한 학과를 졸업한 자

> 고등기술학교는 보건복지부장관이 인정해야 하며, 교육부장관 인정만으로는 면허 발급이 불가하다.

13 ★★

다음 중 햇빛에 노출했을 때 색소침착의 우려가 있어 사용 시 유의해야 하는 에센셜 오일은?

① 라벤더
② 티트리
③ 제라늄
④ 레몬

> 레몬 오일은 광감작 작용이 있어 햇빛 노출 시 색소침착을 유발할 수 있다.

14 ★★★

손톱의 생리적인 특성에 대한 설명으로 틀린 것은?

① 일반적으로 1일 평균 0.1~0.15mm 정도 자란다.
② 손톱의 성장은 조소피의 조직이 경화되면서 오래된 세포를 밀어내는 현상이다.
③ 손톱의 본체는 각질층이 변형된 것으로, 얇은 층이 겹으로 이루어져 단단한 층을 이룬다.
④ 주로 경단백질인 케라틴과 이를 조성하는 아미노산 등으로 구성되어 있다.

> 손톱은 매트릭스에서 생성되므로 잘못된 설명이다.

15 ★

고객을 위한 네일 미용인의 자세가 아닌 것은?

① 고객의 경제상태 파악
② 고객의 네일상태 파악
③ 선택 가능한 시술방법 설명
④ 선택 가능한 관리방법 설명

> 고객의 경제상태를 파악하는 것은 비윤리적이며, 서비스 제공과 무관하다.

16 ★★★

세균 증식에 가장 적합한 최적 수소이온 농도는?

① pH 3.5~5.5
② pH 6.0~8.0
③ pH 8.5~10.0
④ pH 10.5~11.5

> 대부분의 세균은 중성에 가까운 pH 6.0~8.0에서 잘 증식한다.

17 ★★

호기성 세균이 아닌 것은?

① 결핵균
② 백일해균
③ 파상풍균
④ 녹농균

> 파상풍균은 혐기성 세균으로, 산소가 없는 환경에서 증식한다.

★★★
18

다음 중 송어, 연어 등의 생식으로 주로 감염될 수 있는 기생충은?

① 유구낭충
② 유구조충
③ 무구조충
④ 긴촌충

> 긴촌충은 민물고기 생식 시 감염될 수 있는 기생충이다.

★★
19

공기의 자정작용 현상이 아닌 것은?

① 산소, 오존, 과산화수소 등에 의한 산화작용
② 태양광선 중 자외선에 의한 살균작용
③ 식물의 탄소동화작용에 의한 CO_2의 생산작용
④ 공기 자체의 희석작용

> 식물의 탄소동화작용은 공기 중의 CO_2를 흡수하여 산소를 방출하는 작용이므로 틀린 설명이다.

★★★
20

영아사망률의 계산공식으로 옳은 것은?

① $\dfrac{\text{연간 출생아수}}{\text{인구}} \times 1000$

② $\dfrac{\text{그해의 1~4세 사망아수}}{\text{어느해의 1~4세 인구}} \times 1000$

③ $\dfrac{\text{그해의 1세 미만 사망아수}}{\text{어느해의 연간출생아수}} \times 1000$

③ $\dfrac{\text{그해의 생후 28일 이내의 사망아수}}{\text{어느해의 연간출생아수}} \times 1000$

> 영아사망률은 1년간 태어난 영아 중 1세 미만에 사망한 수를 기준으로 계산하며, 출생수 대비 비율을 천분율로 나타낸다.

★★★
21

다음 중 원발진(Primary Lesions)에 해당하는 피부질환은?

① 반흔
② 미란
③ 가피
④ 면포

> 면포(코메돈)는 여드름의 초기 병변으로, 피부에 처음 나타나는 원발진이다. 나머지 보기는 이차적 병변이다.

★★★
22

공중위생관리법상 이·미용업자의 변경 신고사항에 해당되지 않는 것은?

① 업소의 소재지 변경
② 영업소의 명칭 또는 상호변경
③ 대표자의 성명(법인인 경우에 한함)
④ 신고한 영업장 면적의 4분의 1 이하의 변경

> 영업장 면적이 4분의 1 이하로 변경된 경우는 신고 대상이 아니고, 3분의 1 이상 변경 시 신고가 필요하다.

★
23

다량의 유성 성분을 물에 일정기간 동안 안정한 상태로 균일하게 혼합시키는 화장품 제조기술은?

① 유화
② 경화
③ 분산
④ 가용화

> 유화는 물과 기름 같이 서로 섞이지 않는 성분을 안정적으로 혼합하는 기술이다.

★★★ 24

다음 중 화장품의 4대 요인이 아닌 것은?

① 안전성
② 안정성
③ **기능성**
④ 유효성

> 화장품의 4대 요인은 안전성, 안정성, 유효성, 사용성이다. 기능성은 일부 제품에만 해당된다.

★★★ 25

손톱의 구조에 대한 설명으로 옳은 것은?

① **매트릭스(조모): 손톱의 성장이 진행되는 곳으로, 이상이 생기면 손톱의 변형을 가져온다.**
② 네일 베드(조상): 손톱의 끝부분에 해당되며 손톱의 모양을 만들 수 있다.
③ 루눌라(반월): 매트릭스와 네일 베드가 만나는 부분으로 미생물 침입을 막는다.
④ 네일 바디(조체): 손톱 측면으로 손톱과 피부를 밀착시킨다.

> 매트릭스는 손톱 생성의 핵심 부위로, 손톱의 성장과 형태에 영향을 준다.

★★★ 26

젤 램프기기와 관련한 설명으로 틀린 것은?

① LED램프는 400~700nm 정도의 파장을 사용한다.
② UV램프는 UV-A 파장 정도를 사용한다.
③ **젤 네일에 사용되는 광선은 자외선과 적외선이다.**
④ 젤 네일의 광택이 떨어지거나 경화속도가 떨어지면 램프를 교체함이 바람직하다.

> 젤 네일은 자외선(UV)만을 사용하며, 적외선은 사용되지 않으므로 틀린 설명이다.

☆ 27

화장품의 원료로써 알코올의 작용에 대한 설명으로 틀린 것은?

① 다른 물질과 혼합해서 그것을 녹이는 성질이 있다.
② 소독작용이 있어 화장수, 양모제 등에 사용한다.
③ **흡수작용이 강하기 때문에 건조의 목적으로 사용한다.**
④ 피부에 자극을 줄 수도 있다.

> 알코올은 휘발성이 강해 건조 효과는 있지만 흡수작용은 없으므로 틀린 설명이다.

★★ 28

몸쪽 손목뼈(근위 수근골)가 아닌 것은?

① 손배뼈(주상골)
② **알머리뼈(유두골)**
③ 세모뼈(삼각골)
④ 콩알뼈(두상골)

> 알머리뼈는 원위 수근골에 속하며, 근위 수근골에는 포함되지 않는다.

★★ 29

오렌지 우드스틱의 사용 용도로 적합하지 않은 것은?

① 큐티클을 밀어 올릴 때
② 폴리시의 여분을 닦아 낼 때
③ **네일 주위의 굳은살을 정리할 때**
④ 네일 주위의 이물질을 제거할 때

> 굳은살 제거는 콘커터나 파일을 사용하며, 우드스틱은 부드러운 작업에 적합하다.

30

바이러스성 피부질환은?

① 모낭염
② 절종
③ 용종
④ 단순포진

> 단순포진은 헤르페스 바이러스에 의해 발생하는 대표적인 바이러스성 피부질환이다.

31

네일 관리의 유래와 역사에 대한 설명으로 틀린 것은?

① 중국에서는 네일에도 연지를 발라 '조홍'이라 하였다.
② 기원전 시대에는 관목이나 음식물, 식물 등에서 색상을 추출하였다.
③ 고대 이집트에서 왕족은 짙은 색으로, 낮은 계층은 옅은 색만을 사용하게 하였다.
④ 중세시대에는 rmatordsl나 은색 또는 검정이나 흑적색 등의 색상으로 특권층의 신분을 표시했다.

> 오타와 잘못된 정보가 포함되어 있어 틀린 설명이다.

32

석탄산 10% 용액 200㎖를 2% 용액으로 만들고자 할 때 첨가해야 하는 물의 양은?

① 200㎖
② 400㎖
③ 800㎖
④ 1000㎖

> 희석 공식: $C_1V_1 = C_2V_2$ → $10 \times 200 = 2 \times V_2$ → $2000 = 2V_2$ → $1000 = 2V_2$ → 최종 부피를 1000㎖로 만들어야 하므로 물은 800㎖ 추가해야 한다.

33

큐티클이 과잉 성장하여 손톱 위로 자라는 질병은?

① 표피조막(테리지움)
② 교조증(오니코파지)
③ 조갑비대증(오니콕시스)
④ 고랑 파진 손톱(휘로우네일)

> 테리지움은 큐티클이 과잉 성장하여 손톱 위로 덮이는 질환이다.

34

절지동물에 의해 매개되는 감염병이 아닌 것은?

① 유행성 일본뇌염
② 발진티푸스
③ 탄저
④ 페스트

> 탄저는 흙 속의 포자에 의해 감염되며, 절지동물과는 관련이 없다.

35

손톱의 프리에지 부분을 유색 폴리시로 칠해주는 컬러링 테크닉은?

① 프렌치 매니큐어(French Manicure)
② 핫오일 매니큐어(Hot oil Manicure)
③ 레귤러 매니큐어(Regular Manicure)
④ 파라핀 매니큐어(Paraffin Manicure)

> 프렌치 매니큐어는 손톱 끝 프리에지를 흰색 등으로 칠해 강조하는 기법이다.

★★ 36

다음 중 자외선 B(UV-B)의 파장 범위는?

① 100~190nm
② 200~280nm
③ 290~320nm
④ 400~470nm

> 자외선 B(UV-B)는 290~320nm의 파장 범위를 가지며, 피부에 홍반을 유발할 수 있다.

★★★ 37

건강한 손톱의 특성이 아닌 것은?

① 매끄럽고 광택이 나며 반투명한 핑크빛을 띤다.
② 약 8~12%의 수분을 함유하고 있다.
③ 모양이 고르고 표면이 균일하다.
④ 탄력이 있고 단단하다.

> 건강한 손톱은 일반적으로 10~15%의 수분을 함유하므로 틀린 설명이다.

★★ 38

자비 소독법 시 일반적으로 사용하는 물의 온도와 시간은?

① 150℃에서 15분간
② 135℃에서 20분간
③ 100℃에서 20분간
④ 80℃에서 30분간

> 자비 소독은 끓는 물(100℃)에서 20분간 소독하는 방법이다.

★★★ 39

손톱의 특징에 대한 설명으로 틀린 것은?

① 네일 바디와 네일 루트는 산소를 필요로 한다.
② 지각 신경이 집중되어 있는 반투명의 각질판이다.
③ 손톱의 경도는 함유된 수분의 함량이나 각질의 조성에 따라 다르다.
④ 네일 베드의 모세혈관으로부터 산소를 공급받는다.

> 손톱은 각질 구조물로 산소를 직접 필요로 하지 않으므로 틀린 설명이다.

★ 40

비타민에 대한 설명 중 틀린 것은?

① 비타민 A가 결핍되면 피부가 건조해지고 거칠어진다.
② 비타민 C는 교원질 형성에 중요한 역할을 한다.
③ 레티노이드는 비타민 A를 통칭하는 용어이다.
④ 비타민 A는 많은 양이 피부에서 합성된다.

> 비타민 A는 음식물 섭취를 통해 흡수되며, 피부에서 합성되지 않는다.

★★★ 41

투톤 아크릴 스컬프처의 시술에 대한 설명으로 틀린 것은?

① 프렌치 스컬프처(French Sculpture)라고도 한다.
② 화이트 파우더 특성상 프리에지가 퍼져 보일 수 있으므로 핀칭에 유의해야 한다.
③ 스트레스 포인트에 화이트 파우더가 얇게 시술되면 떨어지기 쉬우므로 주의한다.
④ 스퀘어 모양을 잡기 위해 파일은 30° 정도 살짝 기울여 파일링 한다.

> 스퀘어 모양은 파일을 수직으로 유지해야 하며, 30° 기울이면 형태가 틀어질 수 있다.

42

이·미용업소 내에 게시하지 않아도 되는 것은?

① 이·미용업 신고증
② 개설자의 면허증 원본
③ **근무자의 면허증 원본**
④ 이·미용 요금표

> 근무자의 면허증은 사본으로 게시하면 되며, 원본 게시 의무는 없다.

43

네일 에나멜(Nail enamel)에 대한 설명으로 틀린 것은?

① 손톱에 광택을 부여하고 아름답게 할 목적으로 사용한다.
② **피막 형성제로 톨루엔이 함유되어 있다.**
③ 대부분 니트로셀룰로오즈를 주성분으로 한다.
④ 안료가 배합되어 손톱에 아름다운 색채를 부여하기 때문에 네일컬러(Nail color)라고도 한다.

> 톨루엔은 유해성분으로 최근에는 사용이 제한되고 있으므로 틀린 설명이다.

44

이·미용업 영업과 관련하여 과태료 부과 대상이 아닌 사람은?

① 위생관리 의무를 위반한 자
② 위생교육을 받지 않은 자
③ **무신고 영업자**
④ 관계공무원 출입, 검사 방해자

> 무신고 영업자는 과태료가 아닌 형사처벌 대상이다.

45

기초 화장품을 사용하는 목적이 아닌 것은?

① 세안
② 피부정돈
③ 피부보호
④ **피부결점 보완**

> 피부결점 보완은 색조 화장품의 목적이며, 기초 화장품의 목적은 아니다.

46

하이포니키움(하조피)에 대한 설명으로 옳은 것은?

① 네일 매트릭스를 병원균으로부터 보호한다.
② **손톱 아래 살과 연결된 끝부분으로 박테리아의 침입을 막아준다.**
③ 손톱 측면의 피부로 네일 베드와 연결된다.
④ 매트릭스 윗부분으로 손톱을 성장시킨다.

> 하조피는 손톱 아래 살과 연결된 부위로, 외부 침입을 막는 역할을 한다.

47

신경조직과 관련된 설명으로 옳은 것은?

① **말초신경은 외부나 체내에 가해진 자극에 의해 감각기에 발생한 신경흥분을 중추신경에 전달한다.**
② 중추신경계의 체성신경은 12쌍의 뇌신경과 31쌍의 척수신경으로 이루어져 있다.
③ 중추신경계는 뇌신경, 척수신경 및 자율신경으로 구성된다.
④ 말초신경은 교감신경과 부교감신경으로 구성된다.

> 말초신경은 감각 자극을 중추신경으로 전달하는 역할을 하므로 올바른 설명이다.

48

★★

파고드는 발톱을 예방하기 위한 발톱 모양으로 적합한 것은?

① 라운드형
② **스퀘어형**
③ 포인트형
④ 오발형

> 스퀘어형은 발톱이 살을 파고드는 것을 방지하는 데 가장 적합한 형태이다.

49

★★★

매니큐어 시술에 관한 설명으로 옳은 것은?

① 손톱 모양을 만들 때 양쪽 방향으로 파일링한다.
② 큐티클은 상조피 바로 밑 부분까지 깨끗하게 제거한다.
③ **네일 폴리시를 바르기 전에 유분기는 깨끗하게 제거한다.**
④ 자연 네일이 약한 고객은 네일 컬러링 후 탑 코트(Top Coat)를 2회 더 바른다.

> 유분기를 제거하면 폴리시의 밀착력이 높아지므로 올바른 설명이다.

50

★★

과징금을 기한 내에 납부하지 아니한 경우에 이를 징수하는 방법은?

① **지방세외 수입금의 징수 등에 관한 법률에 따라 징수**
② 부가가치세 체납처분의 예에 의하여 징수
③ 법인세 체납처분의 예에 의하여 징수
④ 소득세 체납처분의 예에 의하여 징수

> 과징금은 지방세외 수입금의 징수법에 따라 징수된다.

51

★★

네일의 길이와 모양을 자유롭게 조절할 수 있는 것은?

① 네일 폴드(조주름)
② 네일 그루브(조구)
③ **프리에지(자유연)**
④ 에포니키움(조상피)

> 프리에지는 손톱의 끝부분으로, 길이와 모양을 자유롭게 조절할 수 있다.

52

★★

변색된 손톱(Discolored Nails)의 특성이 아닌 것은?

① **네일 바디에 퍼런 멍이 반점처럼 나타난다.**
② 혈액순환이나 심장이 좋지 못한 상태에서 나타날 수 있다.
③ 베이스 코트를 바르지 않고 유색 네일 폴리시를 바를 경우 나타날 수 있다.
④ 손톱의 색상이 청색, 황색, 검푸른색, 자색 등으로 나타난다.

> 네일 바디에 퍼런 멍이 반점처럼 나타나는 것은 외상에 의한 멍(혈종)의 특성으로, 변색된 손톱의 일반적인 특성은 아니다.

53

★

둘째~다섯째 손가락에 작용을 하여 손허리뼈의 사이를 메워주는 손의 근육은?

① 엄지맞섬근(무지대립근)
② 위침근(회의근)
③ 손가락폄근(지신근)
④ **벌레근(충양근)**

> 벌레근은 손허리뼈 사이를 메우며 손가락의 굽힘과 펴기에 관여하는 근육이다.

★★★
54

매니큐어의 어원으로 손을 지칭하는 라틴어는?

① 패디스(Pedis)
② 마누스(Manus)
③ 큐라(Cura)
④ 매니스(Manis)

> '매니큐어'는 라틴어로 'Manus(손)'와 'Cura(관리)'에서 유래된 말이다.

★★
55

다음 중 공중위생감시원을 두는 곳을 모두 고른 것은?

| ㉠ 특별시 | ㉡ 광역시 | ㉢ 도 | ㉣ 군 |

① ㉡, ㉢
② ㉠, ㉢
③ ㉠, ㉡, ㉢
④ ㉠, ㉡, ㉢, ㉣

> 공중위생감시원은 시·도, 시·군·구 등 모든 지방자치단체에 두도록 규정되어 있다.

★
56

그라데이션 기법의 컬러링에 대한 설명으로 틀린 것은?

① 색상 사용의 제한이 없다.
② 스폰지를 사용하여 시술할 수 있다.
③ UV젤의 적용 시에도 활용할 수 있다.
④ 일반적으로 큐티클 부분으로 갈수록 컬러링 색상이 자연스럽게 진해지는 기법이다.

> 그라데이션 기법은 큐티클에서 프리에지로 갈수록 진해지는 것이 일반적이므로 반대 설명이다.

★
57

아크릴릭 네일의 시술과 보수에 관련한 내용으로 틀린 것은?

① 공기방울이 생긴 인조 네일은 촉촉하게 젖은 브러시의 사용으로 인해 나타날 수 있는 현상이다.
② 노랗게 변색되는 인조 네일은 제품과 시술하는 과정에서 발생한 것으로 보수를 해야 한다.
③ 적절한 온도 이하에서 시술했을 경우 인조 네일에 금이 가거나 깨지는 현상이 나타날 수 있다.
④ 기존에 시술되어진 인조 네일과 새로 자라나온 자연 네일을 자연스럽게 연결해 주어야 한다.

> 공기방울은 브러시가 너무 건조하거나 혼합이 불균일할 때 발생하므로 틀린 설명이다.

★★
58

자연 네일의 형태 및 특성에 따른 네일 팁 적용 방법으로 옳은 것은?

① 위로 솟아 오른 손톱(Spoon Nail)에는 옆선에 커브가 없는 팁을 적용한다.
② 아래로 향한 손톱(Claw Nail)에는 커브 팁을 적용한다.
③ 넓적한 손톱에는 끝이 좁아지는 내로우 팁을 적용한다.
④ 물어뜯는 손톱에는 팁을 적용할 수 없다.

> 넓적한 손톱에는 내로우 팁을 적용하여 균형 잡힌 형태를 만들 수 있다.

★ 59

젤 네일에 관한 설명으로 틀린 것은?

① 아크릴릭에 비해 강한 냄새가 없다.
② 일반 네일 폴리시에 비해 광택이 오래 지속된다.
③ 소프트 젤(Soft Gel)은 아세톤에 녹지 않는다.
④ 젤 네일은 하드 젤(Hard Gel)과 소프트 젤(Soft Gel)로 구분된다.

소프트 젤은 아세톤에 녹는 특성이 있으므로 틀린 설명이다.

★★ 60

아크릴 네일 재료인 프라이머에 대한 설명으로 틀린 것은?

① 손톱 표면의 유·수분을 제거하고 건조시켜 아크릴의 접착력을 강하게 해준다.
② 인조 네일 전체에 사용하며 방부제 역할을 해준다.
③ 산성 제품으로 피부에 화상을 입힐 수 있으므로 최소량만을 사용한다.
④ 손톱 표면의 pH 밸런스를 맞춰준다.

프라이머는 자연 네일에만 사용되며, 인조 네일 전체에 사용하지 않으므로 틀린 설명이다.

제2회 CBT 기출복원문제

✡ 01

세계보건기구에서 정의하는 보건행정의 범위에 속하지 않는 것은?

① 산업행정
② 모자보건
③ 환경위생
④ 감염병 관리

> 산업행정은 일반 행정 분야에 속하며, 세계보건기구(WHO)가 정의한 보건행정 범위에는 포함되지 않는다.

✡ 02

질병 발생의 3대 요소는?

① 숙주, 환경, 병명
② 병인, 숙주, 환경
③ 숙주, 체력, 환경
④ 감정, 체력, 숙주

> 질병 발생의 3대 요소는 병인(원인), 숙주(대상), 환경(조건)으로, 이 세 요소가 상호작용하여 질병이 발생한다.

✡✡ 03

상수(上水)에서 대장균 검출의 주된 의의는?

① 소독상태가 불량하다.
② 환경위생의 상태가 불량하다.
③ 오염의 지표가 된다.
④ 전염병 발생의 우려가 있다.

> 대장균은 수질 오염의 대표적인 지표로 사용되며, 검출 시 오염 가능성을 의미한다.

✡ 04

결핵 예방접종으로 사용하는 것은?

① DPT
② MMR
③ PPD
④ BCG

> BCG는 결핵 예방을 위한 백신이고 PPD는 결핵 반응 검사에 사용되는 물질이다.

✡ 05

폐흡충 감염이 발생할 수 있는 경우는?

① 가재를 생식했을 때
② 우렁이를 생식했을 때
③ 은어를 생식했을 때
④ 소고기를 생식했을 때

> 폐흡충은 가재나 게를 날것으로 섭취할 때 감염될 수 있다.

✡✡ 06

한 나라의 건강수준을 다른 국가들과 비교할 수 있는 지표로 세계보건기구가 제시한 것은?

① 인구증가율, 평균수명, 비례사망지수
② 비례사망지수, 조사망율, 평균수명
③ 평균수명, 조사망율, 국민소득
④ 의료시설, 평균수명, 주거상태

> 세계보건기구(WHO)는 평균수명, 비례사망지수, 조사망율을 주요 건강수준 비교 지표로 제시한다.

07

★★

장티푸스, 결핵, 파상풍 등의 예방접종으로 얻어지는 면역은?

① 인공능동면역
② 인공수동면역
③ 자연능동면역
④ 자동수동면역

백신을 통해 체내에서 항체를 생성하는 면역은 인공능동면역이다.

08

★

계면활성제 중 가장 살균력이 강한 것은?

① 음이온성
② 양이온성
③ 비이온성
④ 양쪽이온성

양이온성 계면활성제는 세포막을 파괴하여 강한 살균력을 발휘한다.

09

★★★

미생물의 증식을 억제하는 영양의 고갈과 건조 등의 불리한 환경 속에서 생존하기 위하여 세균이 생성하는 것은?

① 아포
② 협막
③ 세포벽
④ 점질층

아포는 세균이 생존을 위해 형성하는 내구성 구조로, 열과 건조에 강하다.

10

★★★

물리적 소독법에 속하지 않는 것은?

① 건열 멸균법
② 고압증기 멸균법
③ 크레졸 소독법
④ 자비 소독법

크레졸은 화학적 소독제이며, 물리적 소독법에는 포함되지 않는다.

11

★★

소독제인 석탄산의 단점이라 할 수 없는 것은?

① 유기물 접촉 시 소독력이 약화된다.
② 피부에 자극성이 있다.
③ 금속에 부식성이 있다.
④ 독성과 취기가 강하다.

석탄산은 유기물과 접촉해도 소독력이 크게 약화되지 않으므로, 단점이 아니다.

12

★★

소독제의 구비조건에 해당하지 않는 것은?

① 높은 살균력을 가질 것
② 인체에 해가 없을 것
③ 저렴하고 구입과 사용이 간편할 것
④ 용해성이 낮을 것

소독제는 물에 잘 녹아야 하므로 용해성이 낮은 것은 바람직하지 않다.

13

미생물의 종류에 해당하지 않는 것은?

① 벼룩
② 효모
③ 곰팡이
④ 세균

> 벼룩은 절지동물로 미생물이 아니고 효모, 곰팡이, 세균은 미생물이다.

14

재질에 관계없이 빗이나 브러시 등의 소독방법으로 가장 적합한 것은?

① 70% 알코올 솜으로 닦는다.
② 고압증기 멸균기에 넣어 소독한다.
③ 락스액에 담근 후 씻어낸다.
④ 세제를 풀어 세척한 후 자외선 소독기에 넣는다.

> 자외선 소독은 다양한 재질에 적용 가능하며, 빗이나 브러시는 세척 후 자외선 소독이 가장 안전하고 효과적이다.

15

표피와 진피의 경계선의 형태는?

① 직선
② 사선
③ 물결상
④ 점선

> 표피와 진피의 경계는 물결 모양으로 되어 있어 피부의 유연성과 접촉면을 증가시킨다.

16

건강한 피부를 유지하기 위한 방법이 아닌 것은?

① 적당한 수분을 항상 유지해 주어야 한다.
② 두꺼운 각질층은 제거해 주어야 한다.
③ 일광욕을 많이 해야 건강한 피부가 된다.
④ 충분한 수면과 영양을 공급해 주어야 한다.

> 과도한 일광욕은 피부 손상과 노화를 유발할 수 있으므로 건강한 피부 유지에 도움이 되지 않는다.

17

다음 중 영양소와 그 최종 분해로 연결이 옳은 것은?

① 탄수화물 - 지방산
② 단백질 - 아미노산
③ 지방 - 포도당
④ 비타민 - 미네랄

> 단백질은 소화 과정에서 아미노산으로 분해되어 체내에 흡수된다.

18

자외선 차단지수의 설명으로 옳지 않은 것은?

① SPF라 한다.
② SPF 1이란 대략 1시간을 의미한다.
③ 자외선의 강약에 따라 차단제의 효과시간이 변한다.
④ 색소침착 부위에는 가능하면 1년 내내 차단제를 사용하는 것이 좋다.

> SPF 1은 약 10~15분 정도의 차단 효과를 의미하며, 1시간은 과장된 수치이다.

19

백반증에 관한 내용 중 틀린 것은?

① 멜라닌 세포의 과다한 증식으로 일어난다.
② 백색반점이 피부에 나타난다.
③ 후천적 탈색소 질환이다.
④ 원형, 타원형 또는 부정형의 흰색반점이 나타난다.

> 백반증은 멜라닌 세포의 소실 또는 기능 저하로 인해 발생하며, 과다 증식은 해당되지 않는다.

20

기계적 손상에 의한 피부질환이 아닌 것은?

① 굳은살
② 티눈
③ 종양
④ 욕창

> 종양은 세포의 비정상적 증식으로 생기는 병변이며, 기계적 손상과는 관련이 없다.

21

사람의 피부 표면은 주로 어떤 형태인가?

① 삼각 또는 마름모꼴의 다각형
② 삼각 또는 사각형
③ 삼각 또는 오각형
④ 사각 또는 오각형

> 피부 표면은 세포 배열에 따라 삼각형 또는 마름모꼴의 다각형 형태로 나타나는 것이 일반적이다.

22

이·미용업 영업신고를 하지 않고 영업을 한 자에 해당하는 벌칙기준은?

① 6월 이하의 징역 또는 100만원 이하의 벌금
② 6월 이하의 징역 또는 300만원 이하의 벌금
③ 1년 이하의 징역 또는 500만원 이하의 벌금
④ 1년 이하의 징역 또는 1천만원 이하의 벌금

> 공중위생관리법에 따라 무신고 영업 시 1년 이하의 징역 또는 1천만원 이하의 벌금이 부과된다.

23

공중위생관리법상 위생교육에 관한 설명으로 틀린 것은?

① 위생교육은 교육부장관이 허가한 단체가 실시할 수 있다.
② 공중위생영업의 신고를 하고자 하는 자는 원칙적으로 미리 위생교육을 받아야 한다.
③ 공중위생영업자는 매년 위생교육을 받아야 한다.
④ 위생교육을 받아야 하는 자 중 영업에 직접 종사하지 아니하거나 두 곳 이상의 장소에서 영업을 하는 자는 종업원 중 영업장별로 공중위생에 관한 책임자를 지정하고 그 책임자로 하여금 위생교육을 받게 하여야 한다.

> 위생교육은 교육부장관이 아닌 보건복지부장관이 지정한 기관에서 실시하므로 틀린 설명이다.

과태료처분에 불복이 있는 자는 그 처분의 고지를 받은 날부터 얼마의 기간 이내에 처분권자에게 이의를 제기할 수 있는가?

① 10일
② 20일
③ 30일
④ 3개월

과태료 처분에 불복이 있는 경우, 고지를 받은 날부터 30일 이내에 이의 제기를 할 수 있다.

★★★
25

이·미용업자는 신고한 영업장 면적을 얼마 이상 증감하였을 때 변경신고를 하여야 하는가?

① 5분의 1
② 4분의 1
③ 3분의 1
④ 2분의 1

영업장 면적이 3분의 1 이상 증감되면 변경신고를 해야 한다.

★★
26

공중위생영업자가 영업소 폐쇄명령을 받고도 계속하여 영업을 하는 때에 대한 조치사항으로 옳은 것은?

① 당해 영업소가 위법한 영업소임을 알리는 게시물 등을 부착
② 당해 영업소의 출입자 통제
③ 당해 영업소의 출입금지구역 설정
④ 당해 영업소의 강제 폐쇄 집행

위법한 영업소임을 알리는 게시물 부착이 법적 조치로 규정되어 있다.

★★
27

공중위생관리법상 이·미용업 영업장 안의 조명도는 얼마 이상이어야 하는가?

① 50럭스
② 75럭스
③ 100럭스
④ 125럭스

이·미용업소의 조명도 기준은 75럭스 이상이다.

★★★
28

다음 중 이·미용사 면허를 발급할 수 있는 사람만으로 짝지어진 것은?

(ㄱ) 금치산자
(ㄴ) 미용학원에서 6개월간의 과정을 수료한 자
(ㄷ) 국가기술자격 취득자
(ㄹ) 관련 학과 졸업자
(ㅁ) 국가자격의 취득 후 3년이 지난 자

① (ㄱ), (ㄴ)
② (ㄱ), (ㄴ), (ㄷ)
③ (ㄱ), (ㄴ), (ㄷ), (ㄹ)
④ (ㄷ), (ㄹ), (ㅁ)

면허 발급 대상은 국가기술자격 취득자, 관련 학과 졸업자 등으로 구성된다.

⭐⭐ 29

일반적으로 많이 사용하고 있는 화장수의 알코올 함유량은?

① 70% 전후
② 10% 전후
③ 30% 전후
④ 50% 전후

> 일반적인 화장수는 10% 전후의 알코올을 함유하고 있어 자극이 적고 피부에 적합하다.

⭐ 30

화장품의 분류에 관한 설명 중 틀린 것은?

① 샴푸, 헤어린스는 모발용 화장품에 속한다.
② 팩, 마사지 크림은 스페셜 화장품에 속한다.
③ 퍼퓸(Perfume), 오데코롱(Eau de Cologne)은 방향 화장품에 속한다.
④ 자외선 차단제나 태닝제품은 기능성 화장품에 속한다.

> 팩과 마사지 크림은 기초 화장품에 속하며, 스페셜 화장품으로 분류되지 않는다.

⭐⭐ 31

AHA에 대한 설명으로 옳은 것은?

① 물리적으로 각질을 제거하는 기능을 한다.
② 글리콜산은 사탕수수에 함유된 것으로 침투력이 좋다.
③ pH 3.5 이상에서 15% 농도가 각질제거의 가장 효과적이다.
④ AHA보다 안전성은 떨어지나 효과가 좋은 BHA가 많이 사용된다.

> 글리콜산은 AHA 성분 중 하나로, 사탕수수에서 추출되며 침투력이 뛰어나다.

⭐⭐⭐ 32

손을 대상으로 하는 제품 중 알콜을 주베이스로 하며, 청결 및 소독을 주된 목적으로 하는 제품은?

① 핸드워시(Hand Wash)
② 새니타이저(Sanitizer)
③ 비누(Soap)
④ 핸드크림(Hand Cream)

> 새니타이저는 알코올을 주성분으로 하며, 손 소독과 청결 유지에 사용된다.

⭐⭐ 33

피부의 미백을 돕는데 사용되는 화장품 성분이 아닌 것은?

① 플라센타, 비타민C
② 레몬추출물, 감초추출물
③ 코직산, 구연산
④ 캄퍼, 카모마일

> 캄퍼와 카모마일은 진정 작용이 있으며, 미백 효과는 없다.

⭐⭐ 34

라벤더 에센셜 오일의 효능에 대한 설명으로 가장 거리가 먼 것은?

① 재생작용
② 화상치유작용
③ 이완작용
④ 모유생성작용

> 라벤더 오일은 재생, 진정, 이완 효과가 있지만 모유 생성과는 관련이 없다.

35 ★★

SPF에 대한 설명으로 틀린 것은?

① Sun Protection Factor의 약자로써 자외선 차단지수라 불린다.
② 엄밀히 말하면 UV-B 방어효과를 나타내는 지수라고 볼 수 있다.
③ 오존층으로부터 자외선이 차단되는 정보를 알아보기 위한 목적으로 이용된다.
④ 자외선 차단제를 바른 피부에 최소한의 홍반을 일어나게 하는데 필요한 자외선 양을 바르지 않는 피부에 최소한의 홍반을 일어나게 하는데 필요한 자외선 양으로 나눈 값이다.

> SPF는 자외선 차단제의 피부 보호 지속 시간을 나타내는 지수이며, 오존층 정보와는 무관하다.

36 ★★★

마누스(Manus)와 큐라(Cura)라는 말에서 유래된 용어는?

① 네일 팁(Nail Tip)
② 매니큐어(Manicure)
③ 페디큐어(Pedicure)
④ 아크릴릭(Acrylic)

> 매니큐어는 라틴어로 'Manus(손)'와 'Cura(관리)'에서 유래된 말이다.

37 ★★

손목을 굽히고 손가락을 구부리는데 작용하는 근육은?

① 회내근
② 회외근
③ 장근
④ 굴근

> 굴근은 손목과 손가락을 굽히는 데 작용하는 근육이고 회내근과 회외근은 팔의 회전에 관여한다.

38 ★★★

네일 역사에 대한 설명으로 잘못 연결된 것은?

① 1930년대 - 인조네일 개발
② 1950년대 - 패디큐어 등장
③ 1970년대 - 아몬드형 네일 유행
④ 1990년대 - 네일시장의 급성장

> 아몬드형 네일은 2000년대 이후 유행한 형태로, 1970년대와는 관련이 없다.

39 ★★★

에포니키움과 관련한 설명으로 틀린 것은?

① 네일 매트릭스를 보호한다.
② 에포니키움 위에는 큐티클이 존재한다.
③ 에포니키움 아래편은 끈적한 형질로 되어 있다.
④ 에포니키움의 부상은 영구적인 손상을 초래한다.

> 에포니키움은 큐티클 아래에 위치하며, 큐티클이 그 위에 존재하지 않으므로 틀린 설명이다.

40 ★★

자율 신경에 대한 설명으로 틀린 것은?

① 복재신경 - 종아리 뒤 바깥쪽을 내려와 발뒤꿈치의 바깥쪽 뒤에 분포
② 배측신경 - 발등에 분포
③ 요골신경 - 손등에 외측과 요골에 분포
④ 수지골신경 - 손가락에 분포

> 복재신경은 종아리 안쪽을 따라 분포하며, 위치 설명이 틀렸다.

41

★★★

네일 샵에서 시술이 불가능한 손톱 병변에 해당하는 것은?

① **조갑박리증(오니코리시스)**
② 조갑위측증(오니케트로피아)
③ 조갑비대증(오니콕시스)
④ 조갑익상편(테리지움)

> 조갑박리증은 손톱이 네일 베드에서 분리되는 질환으로, 감염 위험이 있어 시술이 금지된다.

42

★★★

다음 중 손톱 밑의 구조에 포함되지 않는 것은?

① 반월(루눌라)
② 조모(매트릭스)
③ **조근(네일 루트)**
④ 조상(네일 베드)

> 조근은 손톱의 뿌리 부분으로, 손톱 밑의 구조에는 포함되지 않는다.

43

★★★

손톱의 구조에 대한 설명으로 가장 거리가 먼 것은?

① 네일 플레이트(조판)는 단단한 각질 구조물로 신경과 혈관이 없다.
② 네일 루트(조근)는 손톱이 자라나기 시작하는 곳이다.
③ 프리에지(자유연)는 손톱의 끝부분으로 네일 베드와 분리되어 있다.
④ **네일 베드(조상)는 네일 플레이트(조판) 위에 위치하며 손톱의 신진대사를 돕는다.**

> 네일 베드는 네일 플레이트 아래에 위치하며, 신진대사 기능은 없으므로 틀린 설명이다.

44

★★

다음 중 고객관리카드의 작성 시 기록해야 할 내용과 가장 거리가 먼 것은?

① 손발의 질병 및 이상증상
② 시술 시 주의사항
③ 고객이 원하는 서비스의 종류 및 시술내용
④ **고객의 학력여부 및 가족사항**

> 고객관리카드는 시술과 관련된 정보만 기록하며, 개인적인 학력이나 가족사항은 포함되지 않는다.

45

★★

네일의 구조에서 모세혈관, 림프 및 신경조직이 있는 것은?

① **매트릭스**
② 에포니키움
③ 큐티클
④ 네일 바디

> 매트릭스는 손톱 생성 부위로, 혈관과 신경조직이 분포되어 있다.

46

★★

네일 큐티클에 대한 설명으로 옳은 것은?

① 살아있는 각질 세포이다.
② 완전히 제거가 가능하다.
③ 네일 베드에서 자라나온다.
④ **손톱 주위를 덮고 있다.**

> 큐티클은 손톱 주위를 덮고 있는 얇은 각질층으로, 보호 역할을 한다.

★★★ 47

손과 발의 뼈구조에 대한 설명으로 틀린 것은?

① 한 손은 손목뼈 8개, 손바닥뼈 5개, 손가락뼈 14개로 총 27개의 뼈로 구성되어 있다.
② 한 발은 발목뼈 7개, 발바닥뼈 5개, 발가락뼈 14개로 총 26개의 뼈로 구성되어 있다.
③ 손목뼈는 손목을 구성하는 뼈로 8개의 작고 다른 뼈들이 두 줄로 손목에 위치하고 있다.
④ 발목뼈는 몸의 무게를 지탱하는 5개의 길고 가는 뼈로 체중을 지탱하기 위해 튼튼하고 길다.

> 발목뼈는 7개의 짧고 단단한 뼈로 구성되어 있으므로 틀린 설명이다.

★★☆ 48

건강한 네일의 조건에 대한 설명으로 틀린 것은?

① 건강한 네일은 유연하고 탄력성이 좋아서 튼튼하다.
② 건강한 네일은 네일 베드에 단단히 잘 부착되어야 한다.
③ 건강한 네일은 연한 핑크빛을 띠며 내구력이 좋아야 한다.
④ 건강한 네일은 25~30%의 수분과 10%의 유분을 함유해야 한다.

> 건강한 네일은 약 10~15%의 수분을 함유하므로 과장된 수치이다.

★★★ 49

다음 중 네일 팁의 재질이 아닌 것은?

① 아세테이트
② 플라스틱
③ 아크릴
④ 나일론

> 아크릴은 스컬프처 재료이며, 팁 재질로 사용되지 않는다.

★★☆ 50

다음은 조갑종렬증(오니코렉시스)에 관한 설명으로 옳은 것은?

① 손톱의 색이 푸르스름하게 변하는 증상이다.
② 멜라닌 색소가 착색되어 일어나는 증상이다.
③ 손톱이 갈라지거나 부서지는 증상이다.
④ 큐티클이 과잉 성장하여 네일 플레이트 위로 자라는 증상이다.

> 조갑종렬증은 손톱이 세로로 갈라지거나 부서지는 증상이다.

★☆☆ 51

아크릴릭 네일의 제거 방법으로 가장 적합한 것은?

① 드릴머신으로 갈아준다.
② 솜에 아세톤을 적셔 호일로 감싸 30분 정도 불린 후 오렌지 우드스틱으로 밀어서 떼어준다.
③ 100그릿 파일로 파일링하여 제거한다.
④ 시너로 닦아준다.

> 아크릴릭 네일은 아세톤을 이용해 불린 후 부드럽게 제거하는 것이 가장 안전하고 손톱 손상을 줄일 수 있는 방법이다.

★★☆ 52

프렌치 컬러링에 대한 설명으로 옳은 것은?

① 옐로우 라인에 맞추어 완만한 U자 형태로 컬러링한다.
② 프리에지의 컬러링 너비는 규격화되어 있다.
③ 프리에지의 컬러링 색상은 흰색으로 규정되어 있다.
④ 프리에지 부분만을 제외하고 컬러링한다.

> 프렌치 컬러링은 옐로우 라인에 맞춰 자연스러운 U자 형태로 프리에지를 강조하는 기법이다.

53

아크릴릭 시술에서 핀칭(Pinching)을 하는 주된 이유는?

① 리프팅(Lifting) 방지에 도움이 된다.
② C커브에 도움이 된다.
③ 하이 포인트 형성에 도움이 된다.
④ 에칭(Etching)에 도움이 된다.

> 핀칭은 손톱의 곡선(C커브)을 잡아주는 과정으로, 구조적 강도를 높이고 자연스러운 곡선을 만든다.

54

네일 종이 폼의 적용 설명으로 틀린 것은?

① 다양한 스컬프쳐 네일 시술 시에 사용한다.
② 자연스런 네일의 연장을 만들 수 있다.
③ 디자인 UV젤 팁 오버레이 시에 사용한다.
④ 일회용이며 프렌치 스컬프처에 적용한다.

> 종이 폼은 스컬프처 네일에 사용되므로 틀린 설명이다.

55

페디큐어 시술 순서로 가장 적합한 것은?

① 소독하기 → 폴리시 지우기 → 발톱 모양 만들기 → 큐티클 오일 바르기 → 큐티클 정리하기
② 폴리시 지우기 → 소독하기 → 발톱 표면 정리하기 → 큐티클 오일 바르기 → 큐티클 정리하기
③ 소독하기 → 발톱 표면 정리하기 → 폴리시 지우기 → 발톱 모양 만들기 → 큐티클 정리하기
④ 폴리시 지우기 → 소독하기 → 발톱 모양 만들기 → 큐티클 오일 바르기 → 큐티클 정리하기

> 시술 전 소독이 우선이며, 그 다음 폴리시 제거 → 발톱 모양 정리 → 큐티클 오일 → 큐티클 정리 순이 적절하다.

56

페디큐어 시술 시 굳은살을 제거하는 도구의 명칭은?

① 푸셔
② 토우 세퍼레이터
③ 콘커터
④ 클리퍼

> 콘커터는 발의 굳은살이나 티눈을 제거하는 데 사용하는 도구이다.

57

푸셔로 큐티클을 밀어 올릴 때 가장 적합한 각도는?

① 15도
② 30도
③ 45도
④ 60도

> 푸셔는 45도 각도로 밀어야 손톱 손상을 줄이고 큐티클을 효과적으로 밀 수 있다.

58

팁 위드 랩 시술 시 사용하지 않는 재료는?

① 글루 드라이
② 실크
③ 젤 글루
④ 아크릴 파우더

> 팁 위드 랩은 실크나 파이버를 사용하는 시술로, 아크릴 파우더는 사용하지 않는다.

59

UV젤의 특징이 아닌 것은?

① 올리고머 형태의 분자구조를 가지고 있다.
② 탑 젤의 광택은 인조 네일 중 가장 좋다.
③ 젤은 농도에 따라 묽기가 약간씩 다르다.
④ UV젤은 상온에서 경화가 가능하다.

> UV젤은 자외선(UV) 경화기를 통해 경화되며, 상온에서는 경화되지 않는다.

60

컬러링의 설명으로 틀린 것은?

① 베이스 코트는 폴리시의 착색을 방지한다.
② 폴리시 브러시의 각도는 90도로 잡는 것이 가장 적합하다.
③ 폴리시는 얇게 바르는 것이 빨리 건조되고 색상이 오래 유지된다.
④ 탑 코트는 폴리시의 광택을 더해주고 지속력을 높인다.

> 폴리시 브러시는 90도가 아닌 약 45도 기울여 바르는 것이 적절하므로 틀린 설명이다.

제3회 CBT 기출복원문제

✭✭ 01

다음 중 수인성 감염병에 속하는 것은?

① 유행성 출혈열
② 성홍열
③ 세균성 이질
④ 탄저병

> 수인성 감염병은 오염된 물을 통해 전파되는 질병으로, 세균성 이질이 대표적이다. 유행성 출혈열과 탄저병은 동물 매개, 성홍열은 공기 전파로 감염된다.

✭ 02

인공조명을 할 때 고려사항 중 틀린 것은?

① 광색은 주광색에 가깝고, 유해 가스의 발생이 없어야 한다.
② 열의 발생이 적고, 폭발이나 발화의 위험이 없어야 한다.
③ 균등한 조도를 위해 직접조명이 되도록 해야 한다.
④ 충분한 조도를 위해 빛이 좌상방에서 비쳐야 한다.

> 직접조명은 그림자와 눈부심을 유발할 수 있어 균등한 조도 확보에는 부적합하고 간접조명이 더 적절하다.

✭ 03

공중보건학의 범위 중 보건관리 분야에 속하지 않는 사업은?

① 보건통계
② 사회보장제도
③ 보건행정
④ 산업보건

> 산업보건은 작업환경 개선과 근로자 건강 보호에 초점을 둔 분야로, 보건관리보다는 환경보건에 가깝다.

✭✭ 04

일반적으로 이·미용업소의 실내 쾌적 습도 범위로 가장 알맞은 것은?

① 10~20%
② 20~40%
③ 40~70%
④ 70~90%

> 쾌적한 실내 습도는 40~70% 범위가 적절하며, 피부와 호흡기 건강에도 도움이 된다.

05

✿

솔라닌(Solanin)이 원인이 되는 식중독과 관계가 깊은 것은?

① 감자
② 복어
③ 버섯
④ 조개

솔라닌은 감자의 싹이나 껍질에 존재하는 독성물질로, 섭취 시 식중독을 유발할 수 있다.

06

✿

개달전염(介達傳染)과 무관한 것은?

① 의복
② 식품
③ 책상
④ 장난감

개달전염은 매개물(옷, 책상, 장난감 등)을 통해 간접적으로 전염되는 방식이며, 식품은 직접 섭취에 의한 감염이므로 해당되지 않는다.

07

✿✿

다음 중 원발진에 해당하는 피부변화는?

① 가피
② 미란
③ 위축
④ 구진

구진은 피부에 처음 나타나는 병변으로 원발진에 속하고 나머지는 이차적 병변이다.

08

✿✿

물의 살균에 많이 이용되고 있으며 산화력이 강한 것은?

① 포름알데히드(Formaldehyde)
② 오존(O_3)
③ EO(Ethylene Oxide)가스
④ 에탄올(Ethanol)

오존은 강력한 산화력을 가지고 있어 물의 살균에 널리 사용되고 포름알데히드와 EO가스는 기체 소독제로 사용된다.

09

✿✿✿

자외선으로부터 어느 정도 피부를 보호하며 진피조직에 투여하면 피부주름과 처짐 현상에 가장 효과적인 것은?

① 콜라겐
② 엘라스틴
③ 무코다당류
④ 멜라닌

콜라겐은 피부의 탄력과 구조를 유지하는 주요 성분으로, 진피층에 작용하여 주름 개선에 효과적이다.

10

✿✿

다음 중 감염병 유행의 3대 요소는?

① 숙주, 유전, 환경
② 환경, 유전, 병원체
③ 병원체, 숙주, 환경
④ 감수성, 환경, 병원체

감염병 유행의 3대 요소는 병원체(원인), 숙주(감염 대상), 환경(전파 조건)이다.

11

소독제를 사용할 때 주의사항이 아닌 것은?

① 취급 방법
② 농도 표시
③ 소독제병의 세균오염
④ 알코올 사용

> 알코올 사용 자체는 소독제의 종류일 뿐 주의사항은 아니고 나머지 보기는 소독제 사용 시 반드시 고려해야 할 사항이다.

12

다음 중 금속제품의 기구소독에 가장 적합하지 않은 것은?

① 알코올
② 역성비누
③ 승홍수
④ 크레졸수

> 승홍수는 금속을 부식시킬 수 있어 금속기구 소독에는 부적합하다.

13

다음 중 하수도 주위에 흔히 사용되는 소독제는?

① 생석회
② 포르말린
③ 역성비누
④ 과망간산칼륨

> 생석회는 하수도 주변의 악취 제거 및 살균에 효과적이므로 널리 사용된다.

14

소독제를 수돗물로 희석하여 사용할 경우 가장 주의해야 할 점은?

① 물의 경도
② 물의 온도
③ 물의 취도
④ 물의 탁도

> 물의 경도가 높으면 소독제의 효과가 떨어질 수 있으므로, 희석 시 경도에 주의해야 한다.

15

미생물의 발육과 그 작용을 제거하거나 정지시켜 음식물의 부패나 발효를 방지하는 것은?

① 방부
② 소독
③ 살균
④ 살충

> 방부는 미생물의 증식을 억제하여 음식물의 부패나 발효를 방지하는 방법이다. 소독이나 살균은 이미 존재하는 미생물을 제거하는 방식이다.

16

자력으로 의료문제를 해결할 수 없는 생활무능력자 및 저소득층을 대상으로 공적으로 의료를 보장하는 제도는?

① 의료보험
② 의료보호
③ 실업보험
④ 연금보험

> 의료보호는 저소득층이나 생활이 어려운 사람들을 대상으로 국가가 의료비를 지원하는 제도이다. 의료보험은 일반 국민 대상이다.

17

다음 중 기미의 생성 유발 요인이 아닌 것은?

① 유전적 요인
② 임신
③ 갱년기 장애
④ **갑상선 기능 저하**

> 기미는 호르몬 변화, 유전, 자외선 등이 주요 원인이며, 갑상선 기능 저하는 직접적인 유발 요인이 아니다.

18

정상 피부와 비교하여 점막으로 이루어진 피부의 특징으로 옳지 않은 것은?

① **혀와 경구개를 제외한 입안의 점막은 과립층을 가지고 있다.**
② 당김미세섬유사(Tonofilament)의 발달이 미약하다.
③ 미세융기가 잘 발달되어 있다.
④ 세포에 다량의 글리코겐이 존재한다.

> 입안 점막은 대부분 과립층이 없으며, 혀와 경구개만 과립층을 가지고 있으므로 틀린 설명이다.

19

이·미용업 영업장 안의 조명도 기준은?

① 50럭스 이상
② **75럭스 이상**
③ 100럭스 이상
④ 125럭스 이상

> 공중위생관리법상 이·미용업소의 조명도 기준은 75럭스 이상으로 작업의 정확성과 위생을 위한 최소 기준이다.

20

에나멜을 바르는 방법으로 손톱을 가늘어 보이게 하는 것은?

① 프리에지
② 루눌라
③ 프렌치
④ **프리 월**

> 프리 월 기법은 손톱의 중앙에만 색을 칠해 손톱이 가늘어 보이게 하는 효과가 있다.

21

식물의 꽃, 잎, 줄기, 뿌리, 씨, 과피, 수지 등에서 방향성이 높은 물질을 추출한 휘발성 오일은?

① 동물성 오일
② **에센셜 오일**
③ 광물성 오일
④ 밍크 오일

> 에센셜 오일은 식물에서 추출한 휘발성 방향 성분으로, 아로마테라피나 피부관리 등에 사용된다.

22

다음 중 하지의 신경에 속하지 않는 것은?

① 총비골신경
② **액와신경**
③ 복재신경
④ 배측신경

> 액와신경은 상지(팔)의 신경으로, 하지(다리)의 신경에는 포함되지 않다. 총비골신경, 복재신경, 배측신경은 모두 하지에 속한다.

★★★
23

이·미용업 영업신고를 하면서 신고인이 확인에 동의하지 않을 때 첨부해야 하는 서류가 아닌 것은?

① 영업시설 및 설비개요서
② 교육필증
③ **이·미용사 자격증**
④ 면허증

> 이·미용사 자격증은 행정정보 공동이용으로 확인 가능하므로 별도로 첨부하지 않아도 되고 나머지 보기는 첨부 서류이다.

★★
24

동물성 단백질의 일종으로 피부의 탄력유지에 매우 중요한 역할을 하며 피부의 파열을 방지하는 스프링 역할을 하는 것은?

① 아줄렌
② **엘라스틴**
③ 콜라겐
④ DNA

> 엘라스틴은 피부의 탄력을 유지하고 늘어남과 수축을 조절하는 단백질로, 스프링 역할을 한다.

★
25

외인성 피부질환의 원인과 가장 거리가 먼 것은?

① 자외선
② 산화
③ 피부건조
④ **유전인자**

> 유전인자는 내인성(내부 요인)이며, 외부 환경에 의한 외인성 피부질환과는 관련이 적다.

★★
26

화장품법상 기능성 화장품에 속하지 않는 것은?

① 미백에 도움을 주는 제품
② 주름개선에 도움을 주는 제품
③ **여드름 완화에 도움을 주는 제품**
④ 자외선으로부터 피부를 보호하는데 도움을 주는 제품

> 여드름 완화 제품은 일반의약외품으로 분류되며, 기능성 화장품으로 인정되지 않는다.

★
27

손톱이 나빠지는 후천적 요인이 아닌 것은?

① 잘못된 푸셔와 니퍼 사용에 의한 손상
② **손톱 강화제 사용 빈도수**
③ 과도한 스트레스
④ 잘못된 파일링에 의한 손상

> 손톱 강화제는 손톱을 보호하는 제품으로, 사용 빈도수가 많다고 해서 손톱이 나빠지는 직접적인 요인은 아니다.

★★
28

뼈의 기능이 아닌 것은?

① **흡수기능**
② 지렛대 역할
③ 보호작용
④ 무기질 저장

> 뼈는 흡수기능을 하지 않으며, 지지, 보호, 운동, 혈액 생성, 무기질 저장 등의 기능을 수행한다.

29

표피성진균증 중 네일 몰드는 습기, 열, 공기에 의해 균이 번식되어 발생한다. 이때 몰드가 발생한 수분 함유율이 옳게 표기된 것은?

① 2~5%
② 7~10%
③ 12~18%
④ 23~25%

> 몰드는 고습 환경에서 발생하며, 수분 함유율이 23~25%일 때 균이 번식하기 좋은 조건이다.

30

여드름 피부에 맞는 화장품 성분으로 가장 거리가 먼 것은?

① 캄퍼
② 로즈마리 추출물
③ 알부틴
④ 하마멜리스

> 알부틴은 미백 성분으로, 여드름 피부에 직접적인 효과는 없다. 캄퍼, 로즈마리 추출물, 하마멜리스는 진정 및 항염 효과가 있어 적합하다.

31

큐티클 정리 및 제거 시 필요한 도구로 알맞은 것은?

① 파일, 탑 코트
② 라운드 패드, 니퍼
③ 샌딩 블록, 핑거볼
④ 푸셔, 니퍼

> 큐티클 제거는 푸셔로 밀고 니퍼로 잘라내는 것이 기본이고 나머지 도구는 큐티클 정리에 직접 사용되지 않는다.

32

고객을 응대할 때 네일 아티스트의 자세로 틀린 것은?

① 고객에게 알맞은 서비스를 하여야 한다.
② 모든 고객은 공평하게 하여야 한다.
③ 진상고객은 단념해야 한다.
④ 안전규정을 준수하고 충실히 하여야 한다.

> 진상고객이라도 예의와 전문성을 갖고 응대해야 하며, 단념하거나 무시하는 태도는 부적절하다.

33

보습제가 갖추어야 할 조건으로 틀린 것은?

① 다른 성분과 혼용성이 좋을 것
② 모공수축을 위해 휘발성이 있을 것
③ 적절한 보습능력이 있을 것
④ 응고점이 낮을 것

> 보습제는 피부에 수분을 유지시키는 역할을 하므로 휘발성이 있으면 오히려 수분을 날려버려 부적합하다.

34

네일 재료에 대한 설명으로 적합하지 않은 것은?

① 네일 에나멜 시너 - 에나멜을 묽게 해주기 위해 사용한다.
② 큐티클 오일 - 글리세린을 함유하고 있다.
③ 네일 블리치 - 20볼륨 과산화수소를 함유하고 있다.
④ 네일 보강제 - 자연 네일이 강한 고객에게 사용하면 효과적이다.

> 네일 보강제는 약한 손톱을 강화하기 위한 제품으로, 이미 강한 손톱에는 필요하지 않다.

35

★★★

시·도지사 또는 시장·군수·구청장은 공중위생관리상 필요하다고 인정하는 때에 공중위생영업자 등에 대하여 필요한 조치를 취할 수 있다. 이 조치에 해당하는 것은?

① 보고
② 청문
③ 감독
④ 협의

> 공중위생관리법에 따라 필요한 경우 영업자에게 보고를 요구할 수 있고 이는 행정적 조치 중 하나이다.

36

★★

골격근에 대한 설명으로 틀린 것은?

① 인체의 약 60%를 차지한다.
② 횡문근이라고도 한다.
③ 수의근이라고도 한다.
④ 대부분이 골격에 부착되어 있다.

> 골격근은 인체의 약 40%를 차지하며, 60%는 과장된 수치이다.

37

★★★

발톱의 쉐입으로 가장 적절한 것은?

① 라운드 쉐입
② 오발 쉐입
③ 스퀘어 쉐입
④ 아몬드 쉐입

> 스퀘어 쉐입은 발톱이 살을 파고드는 것을 방지하며, 발톱 건강에 가장 적합한 형태이다.

38

★★★

매니큐어의 유래에 관한 설명 중 틀린 것은?

① 중국은 특권층의 신분을 드러내기 위해 홍화를 손톱에 바르기 시작했다.
② 매니큐어는 고대 희랍어에서 유래된 말로 마누와 큐라의 합성어이다.
③ 17세기 경 인도의 상류층 여성들은 손톱의 뿌리 부분에 신분을 나타내는 목적으로 문신을 했다.
④ 건강을 기원하는 주술적 의미에서 손톱에 빨간색을 물들이게 되었다.

> '매니큐어'는 라틴어 'Manus(손)'와 'Cura(관리)'에서 유래된 말이며, 고대 희랍어와는 관련이 없다.

39

★★

다음 ( ) 안의 a와 b에 알맞은 단어를 바르게 짝지은 것은?

- (a)는 폴리시 리무버나 아세톤을 담아 펌프식으로 편리하게 사용할 수 있다.
- (b)는 아크릴 리퀴드를 덜어 담아 사용할 수 있는 용기이다.

① a - 다크디쉬, b - 작은종지
② a - 디스펜서, b - 다크디쉬
③ a - 다크디쉬, b - 디스펜서
④ a - 디스펜서, b - 디펜디쉬

> 디스펜서는 내용물을 덜어내는 용기이고, 디펜디쉬는 소량의 제품을 담는 작은 접시이다.

40

화장품의 피부흡수에 관한 설명으로 옳은 것은?

① 분자량이 적을수록 피부흡수율이 높다.
② 수분이 많을수록 피부흡수율이 높다.
③ 동물성 오일 < 식물성 오일 < 광물성 오일 순으로 피부흡수력이 높다.
④ 크림류 < 로션류 < 화장수류 순으로 피부흡수력이 높다.

> 분자량이 작을수록 피부 장벽을 통과하기 쉬워 흡수율이 높다.
> 이는 화장품 성분 설계의 기본 원칙이다.

41

매니큐어 시술 시에 미관상 제거의 대상이 되는 손톱을 덮고 있는 각질세포는?

① 네일 큐티클(Nail Cuticle)
② 네일 플레이트(Nail Plate)
③ 네일 프리에지(Nail Free edge)
④ 네일 그루브(Nail Groove)

> 네일 큐티클은 손톱 위에 얇게 덮여 있는 각질세포로, 미관상 제거 대상이므로 시술 시 깔끔한 외관을 위해 정리한다.

42

메이크업 화장품에 주로 사용되는 제조방법은?

① 유화
② 가용화
③ 겔화
④ 분산

> 분산은 색소나 입자를 균일하게 퍼뜨리는 방식으로, 메이크업 제품(파우더, 파운데이션 등)에 자주 사용된다.

43

성장기 어린이의 대사성 질환으로 비타민 D 결핍 시 뼈 발육에 변형을 일으키는 것은?

① 석회결석
② 골막파열증
③ 괴혈증
④ 구루병

> 구루병은 비타민 D 결핍으로 인해 칼슘 흡수가 저하되어 뼈가 약해지고 변형되는 질환이다.

44

법령상 위생교육에 대한 기준으로 (   ) 안에 적합한 것은?

> 공중위생관리법령상 위생교육을 받은 자가 위생교육을 받은 날부터 (   ) 이내에 위생교육을 받은 업종과 같은 업종의 영업을 하려는 경우에는 해당 영업에 대한 위생교육을 받은 것으로 본다.

① 2년
② 2년 6개월
③ 3년
④ 3년 6개월

> 공중위생관리법에 따라 이·미용업자는 2년마다 위생교육을 이수해야 한다.

45

손님에게 음란행위를 알선한 사람에 대한 관계행정기관의 장의 요청이 있을 때, 1차 위반에 대하여 행할 수 있는 행정처분으로 영업소와 업주에 대한 행정처분 기준이 바르게 짝지어진 것은?

① 영업정지 1월 - 면허정지 1월
② 영업정지 1월 - 면허정지 2월
③ 영업정지 2월 - 면허정지 2월
④ 영업정지 3월 - 면허정지 3월

> 1차 위반 시 행정처분 기준은 영업정지 2월, 면허정지 2월이고 반복 시 더 강한 처분이 내려진다.

46

피부 구조에서 지방세포가 주로 위치하고 있는 곳은?

① 각질층
② 진피
③ 피하조직
④ 투명층

> 지방세포는 피부의 가장 아래층인 피하조직에 위치하며, 체온 유지와 충격 흡수 역할을 한다.

47

미용사에게 금지되지 않는 업무는 무엇인가?

① 얼굴의 손질 및 화장을 행하는 업무
② 의료기기를 사용하는 피부 관리 업무
③ 의약품을 사용하는 눈썹손질 업무
④ 의약품을 사용하는 제모

> 미용사는 얼굴 손질 및 화장 업무는 수행할 수 있으며, 의료기기나 의약품 사용은 금지된다.

48

손톱에 색소가 침착되거나 변색되는 것을 방지하고 네일 표면을 고르게 하여 폴리시의 밀착성을 높이는 데 사용되는 네일 미용 화장품은?

① 탑 코트
② 베이스 코트
③ 폴리시 리무버
④ 큐티클 오일

> 베이스 코트는 손톱 표면을 정리하고 변색을 방지하며, 폴리시의 밀착력을 높이는 역할을 한다.

49

다음 중 이·미용업에 있어서 과태료 부과 대상이 아닌 사람은?

① 위생관리 의무를 지키지 아니한 자
② 영업소외의 장소에서 이용 또는 미용업무를 행한 자
③ 보건복지부령이 정하는 중요사항을 변경하고도 변경 신고를 하지 아니한 자
④ 관계 공무원의 출입·검사를 거부·기피 방해한 자

> 보건복지부령이 정하는 중요사항을 변경하고도 변경 신고를 하지 않으면 과태료가 아닌 행정처분 대상이다. 나머지 보기는 과태료 부과 대상에 해당된다.

50

손톱의 역할 및 기능과 가장 거리가 먼 것은?

① 물건을 잡거나 성상을 구별하는 기능
② 작은 물건을 들어 올리는 기능
③ 방어와 공격의 기능
④ 몸을 지탱해주는 기능

> 손톱은 지탱 기능을 하지 않으며, 주로 보호, 감각 보조, 물건 조작 등의 기능을 수행한다.

51

★★★

매니큐어를 가장 잘 설명한 것은?

① 네일 에나멜을 바르는 것이다.
② 손톱모양을 다듬고 색깔을 칠하는 것이다.
③ 손 매뉴얼테크닉과 네일 에나멜을 바르는 것이다.
④ **손톱 모양을 다듬고 큐티클 정리, 컬러링 등을 포함한 관리이다.**

매니큐어는 단순히 색을 바르는 것이 아니라 손톱 모양 정리, 큐티클 제거, 컬러링 등 전체적인 손 관리 시술을 의미한다.

52

★★

다른 쉐입보다 강한 느낌을 주며, 대회용으로 많이 사용되는 손톱 모양은?

① 오벌 쉐입
② 라운드 쉐입
③ **스퀘어 쉐입**
④ 아몬드형 쉐입

스퀘어 쉐입은 각진 형태로 강한 인상을 주며, 대회용 디자인에 자주 활용된다.

53

★★

네일 팁 접착 방법의 설명으로 틀린 것은?

① 네일 팁 접착 시 자연 네일의 1/2 이상 덮지 않는다.
② 올바른 각도의 팁 접착으로 공기가 들어가지 않도록 유의한다.
③ **손톱과 네일 팁 전체에 프라이머를 도포한 후 접착한다.**
④ 네일 팁 접착할 때 5~10초 동안 누르면서 기다린 후 팁의 양쪽 꼬리부분을 살짝 눌러준다.

프라이머는 자연 네일에만 도포해야 하며, 팁 전체에 바르는 것은 잘못된 방법이다.

54

★★

아크릴릭 스캅춰 시술 시 손톱에 부착해 길이를 연장하는데 받침대 역할을 하는 재료로 옳은 것은?

① **네일 폼**
② 리퀴드
③ 모노머
④ 아크릴 파우더

네일 폼은 손톱 아래에 받쳐서 아크릴을 연장할 수 있도록 도와주는 받침대 역할을 한다.

55

★

습식 매니큐어 시술에 관한 설명 중 틀린 것은?

① 베이스 코트를 가능한 얇게 1회 전체에 바른다.
② 벗겨짐을 방지하기 위해 도포한 폴리쉬를 완전히 커버하여 탑 코트를 바른다.
③ 프리에지 부분까지 깔끔하게 바른다.
④ **손톱의 길이 정리는 클리퍼를 사용할 수 없다.**

클리퍼는 손톱 길이 정리에 사용할 수 있는 도구이므로 틀린 설명이다.

56

★★

아크릴릭 보수 과정 중 옳지 않은 것은?

① 심하게 들뜬 부분은 파일과 니퍼를 적절히 사용하여 세심히 잘라내고 경계가 없도록 파일링 한다.
② 새로 자라난 손톱 부분에 에칭을 주고 프라이머를 바른다.
③ 적절한 양의 비드로 큐티클 부분에 자연스러운 라인을 만든다.
④ **새로 비드를 얹은 부위는 파일링이 필요하지 않다.**

새로 비드를 얹은 부위도 매끄럽게 정리하기 위해 파일링이 필요하므로 틀린 설명이다.

★★ 57

페디큐어 시술 과정에서 베이스 코트를 바르기 전 발가락이 서로 닿지 않게 하기 위해 사용하는 도구는?

① 엑티베이터
② 콘 커터
③ 클리퍼
④ **토우 세퍼레이터**

> 토우 세퍼레이터는 발가락 사이를 벌려 페디큐어 시술 시 제품이 번지지 않도록 도와준다.

★ 58

UV젤 네일 시술 시 리프팅이 일어나는 이유로 적절하지 않은 것은?

① 네일의 유·수분기를 제거하지 않고 시술했다.
② 젤을 프리에지까지 시술하지 않았다.
③ **젤을 큐티클 라인에 닿지 않게 시술했다.**
④ 큐어링 시간을 잘 지키지 않았다.

> 젤이 큐티클 라인에 닿지 않게 시술하는 것은 올바른 방법이지만 리프팅 원인이 아니므로 적절하지 않다.

★★ 59

아크릴릭 네일의 설명으로 맞는 것은?

① **네일 폼을 사용하여 다양한 형태로 조형이 가능하다.**
② 투톤 스캅춰인 프렌치 스캅춰에 적용할 수 없다.
③ 물어뜯는 손톱에 사용하여서는 안된다.
④ 두꺼운 손톱 구조로만 완성되며 다양한 형태로 만들 수 없다.

> 아크릴릭 네일은 네일 폼을 활용해 다양한 형태로 조형이 가능하며, 손톱 교정에도 사용된다.

★★ 60

손톱의 특성이 아닌 것은?

① 손톱은 피부의 일종이며, 머리카락과 같은 케라틴과 칼슘으로 만들어져 있다.
② 손톱의 손상으로 조갑이 탈락되고 회복되는 데는 6개월 정도 걸린다.
③ 손톱의 성장은 겨울보다 여름이 잘 자란다.
④ **엄지 손톱의 성장이 가장 느리며, 중지 손톱이 가장 빠르다.**

> 손톱의 성장은 손가락 위치에 따라 다르며, 일반적으로 중지 손톱이 가장 느리고, 엄지 손톱이 더 빠르므로 틀린 설명이다.

제4회 CBT 기출복원문제

★★ 01

일명 도시형, 유입형이라고도 하며 생산층 인구가 전체 인구의 50% 이상이 되는 인구 구성의 유형은?

① 별형(Star Form)
② 항아리형(Pot Form)
③ 농촌형(Guitar Form)
④ 종형(Bell Form)

별형은 도시화가 진행된 지역에서 나타나는 인구 구조로, 생산 가능 인구가 전체 인구의 절반 이상을 차지하는 특징이 있다. 외부에서 인구가 유입되며 경제 활동이 활발한 도시에서 흔히 볼 수 있다.

★ 02

다음 중 식물에게 가장 피해를 많이 줄 수 있는 기체는?

① 일산화탄소
② 이산화탄소
③ 탄화수소
④ 이산화황

이산화황은 대기오염 물질 중 하나로, 식물의 잎 조직을 손상시키고 광합성을 저해하는 등 식물에 직접적인 피해를 줄 수 있는 대표적인 유해 기체이다.

★★ 03

다음 감염병 중 호흡기계 전염병에 속하는 것은?

① 발진티푸스
② 파라티푸스
③ 디프테리아
④ 황열

디프테리아는 호흡기계 감염병으로, 주로 인후에 염증을 일으키며 호흡곤란을 유발할 수 있다. 공기 중 비말을 통해 전염되며 예방접종으로 예방이 가능하다.

★ 04

사회보장의 종류에 따른 내용의 연결이 옳은 것은?

① 사회보험 - 기초생활보장, 의료보장
② 사회보험 - 소득보장, 의료보장
③ 공적부조 - 기초생활보장, 보건의료서비스
④ 공적부조 - 의료보장, 사회복지서비스

사회보험은 가입자가 일정한 보험료를 납부하고, 질병이나 실업 등으로 인해 소득이 중단될 경우 소득보장과 의료보장을 제공하는 제도이다. 대표적으로 국민연금, 건강보험 등이 이에 해당한다.

✬ 05

( ) 안에 들어갈 알맞은 것은?

> ( )(이)란 감염병 유행지역의 입국자에 대하여 감염병 감염이 의심되는 사람의 강제 격리로서 "건강 격리"라고도 한다.

① 검역
② 감금
③ 감시
④ 전파예방

> 검역은 감염병의 확산을 막기 위해 외부로부터 유입되는 사람이나 물품에 대해 실시하는 조치로, 감염병의 국내 유입을 차단하기 위한 중요한 공중보건 활동이다.

✬ 06

감염병을 옮기는 질병과 그 매개곤충을 연결한 것으로 옳은 것은?

① 말라리아 - 진드기
② 발진티푸스 - 모기
③ 양충병(쯔쯔가무시) - 진드기
④ 일본뇌염 - 체체파리

> 쯔쯔가무시병은 진드기에 의해 전파되는 감염병으로, 야외 활동 시 진드기 물림을 통해 감염될 수 있다. 따라서 진드기와 연결된 질병 중 양충병이 가장 적절한 연결이다.

✬✬ 07

영양소의 3대 작용으로 틀린 것은?

① 신체의 생리기능 조절
② 에너지 열량 감소
③ 신체의 조직 구성
④ 열량 공급 작용

> 영양소의 3대 작용은 생리기능 조절, 조직 구성, 열량 공급이다. 에너지 열량 감소는 영양소의 작용이 아니며, 오히려 영양소는 에너지를 공급하는 역할을 한다.

✬✬ 08

다음 소독 방법 중 완전 멸균으로 가장 빠르고 효과적인 방법은?

① 유통증기법
② 간헐살균법
③ 고압증기법
④ 건열소독법

> 고압증기법은 고온의 증기를 이용하여 짧은 시간 내에 완전 멸균이 가능한 방법으로, 의료기기나 소독이 필요한 도구에 널리 사용된다.

✬ 09

인체에 질병을 일으키는 병원체 중 대체로 살아있는 세포에서만 증식하고 크기가 가장 작아 전자현미경으로만 관찰할 수 있는 것은?

① 구균
② 간균
③ 바이러스
④ 원생동물

> 바이러스는 살아있는 숙주 세포 내에서만 증식할 수 있으며, 크기가 매우 작아 일반 현미경으로는 관찰이 어렵고 전자현미경을 통해서만 확인할 수 있다.

✬✬✬ 10

이 · 미용업소 쓰레기통, 하수구 소독으로 효과적인 것은?

① 역성비누액, 승홍수
② 승홍수, 포르말린수
③ 생석회, 석회유
④ 역성비누액, 생석회

> 생석회와 석회유는 하수구나 쓰레기통 등 오염 가능성이 높은 장소의 소독에 효과적인 물질로, 살균력과 흡착력이 뛰어나 환경 위생 관리에 적합하다.

11

이·미용업소에서 공기 중 비말전염으로 가장 쉽게 옮겨질 수 있는 감염병은?

① 인플루엔자
② 대장균
③ 뇌염
④ 장티푸스

인플루엔자는 공기 중 비말을 통해 전염되는 대표적인 감염병이다. 이·미용업소처럼 밀폐된 공간에서는 전파 위험이 높으므로 예방을 위한 위생 관리가 중요하다.

12

소독약의 살균력 지표로 가장 많이 이용되는 것은?

① 알코올
② 크레졸
③ 석탄산
④ 포름알데히드

석탄산은 소독약의 살균력을 비교하는 기준 물질로 가장 널리 사용되며 다른 소독제의 살균력을 평가할 때 석탄산과의 상대적인 효과를 기준으로 삼는다.

13

다음 중 아포(포자)까지도 사멸시킬 수 있는 멸균 방법은?

① 자외선 조사법
② 고압증기 멸균법
③ P.O.(Propylene Oxide)가스 멸균법
④ 자비 소독법

고압증기 멸균법은 높은 온도와 압력을 이용하여 아포(포자)까지도 사멸시킬 수 있는 가장 효과적인 멸균 방법으로, 의료기기나 위생기구의 멸균에 널리 사용된다.

14

소독제의 구비조건과 가장 거리가 먼 것은?

① 높은 살균력을 가질 것
② 인축에 해가 없어야 할 것
③ 저렴하고 구입과 사용이 간편할 것
④ 냄새가 강할 것

소독제는 살균력이 높고 인체에 무해하며 사용이 간편해야 한다. 냄새가 강한 것은 오히려 사용자의 불쾌감을 유발할 수 있어 바람직하지 않은 조건이다.

15

여드름을 유발하는 호르몬은?

① 인슐린(Insulin)
② 안드로겐(Androgen)
③ 에스트로겐(Estrogen)
④ 티록신(Thyroxine)

안드로겐은 피지선의 활동을 자극하여 피지 분비를 증가시키며, 이로 인해 모공이 막히고 여드름이 발생할 수 있다. 특히 사춘기 이후 호르몬 변화에 따라 여드름이 흔히 나타난다.

16

멜라닌 세포가 주로 위치하는 곳은?

① 각질층
② 기저층
③ 유극층
④ 망상층

멜라닌 세포는 피부의 색소를 생성하는 세포로, 표피의 가장 아래층인 기저층에 주로 분포한다. 이곳에서 생성된 멜라닌은 상위층으로 이동하며 피부색을 형성한다.

17

피지, 각질세포, 박테리아가 서로 엉겨서 모공이 막힌 상태를 무엇이라 하는가?

① 구진
② **면포**
③ 반점
④ 결절

> 면포는 피지, 각질, 세균 등이 모공에 쌓여 형성된 것으로, 여드름의 초기 단계에서 흔히 나타나는 증상이다. 개방면포(블랙헤드)와 폐쇄면포(화이트헤드)로 나뉜다.

18

사춘기 이후 성호르몬의 영향을 받아 분비되기 시작하는 땀샘으로 체취선이라고 하는 것은?

① 소한선
② **대한선**
③ 갑상선
④ 피지선

> 대한선은 사춘기 이후 활성화되며 겨드랑이, 사타구니 등 특정 부위에 분포한다. 이 땀샘에서 분비되는 땀은 세균과 반응하여 체취를 유발하기 때문에 체취선이라고도 불린다.

19

일광화상의 주된 원인이 되는 자외선은?

① UV-A
② **UV-B**
③ UV-C
④ 가시광선

> UV-B는 피부의 표피층에 영향을 주어 일광화상의 주요 원인이 된다. 짧은 파장을 가지며, 장시간 노출 시 피부에 화상을 입히거나 피부암의 위험을 증가시킬 수 있다.

20

다음 중 뼈와 치아의 주성분이며, 결핍되면 혈액의 응고현상이 나타나는 영양소는?

① 인(P)
② 요오드(I)
③ **칼슘(Ca)**
④ 철분(Fe)

> 칼슘은 뼈와 치아의 주요 구성 성분이며, 근육 수축과 신경 전달, 혈액 응고에도 중요한 역할을 한다. 결핍 시 골다공증이나 출혈 경향이 나타날 수 있다.

21

노화 피부에 대한 전형적인 증세는?

① 피지가 과다 분비되어 번들거린다.
② 항상 촉촉하고 매끈하다.
③ 수분이 80% 이상이다.
④ **유분과 수분이 부족하다.**

> 노화된 피부는 피지 분비와 수분 유지 능력이 저하되어 건조하고 탄력이 떨어지는 특징이 있다. 따라서 유분과 수분이 모두 부족한 상태로 나타난다.

★★★ 22

공중위생관리법상 이·미용 기구의 소독기준 및 방법으로 틀린 것은?

① 건열멸균소독: 섭씨 100℃ 이상의 건조한 열에 10분 이상 쐬어준다.
② 증기소독: 섭씨 100℃ 이상의 습한 열에 20분 이상 쐬어준다.
③ 열탕소독: 섭씨 100℃ 이상의 물속에 10분 이상 끓여준다.
④ 석탄산수소독: 석탄산수(석탄산 3%, 물 97%의 수용액)에 10분 이상 담가둔다.

건열멸균소독은 섭씨 160℃ 이상의 건조한 열에 60분 이상 노출해야 효과가 있다. 100℃는 충분한 온도가 아니므로 틀린 설명이다.

★★★ 23

공중위생업자가 매년 받아야 하는 위생교육 시간은?

① 5시간
② 4시간
③ 3시간
④ 2시간

공중위생관리법에 따라 이·미용업자는 매년 3시간의 위생교육을 이수해야 한다. 이는 위생관리와 감염병 예방을 위한 필수 교육이다.

★★ 24

면허의 정지명령을 받은 자가 반납한 면허증은 정지 기간 동안 누가 보관하는가?

① 관할 시·도지사
② 관할 시장·군수·구청장
③ 보건복지부장관
④ 관할 경찰서장

면허 정지 시 반납된 면허증은 해당 지역의 행정 책임자인 시장·군수·구청장이 보관하게 되며, 이는 행정처분의 관리와 감독을 위한 절차이다.

★★ 25

과태료의 부과·징수 절차에 관한 설명으로 틀린 것은?

① 시장·군수·구청장이 부과·징수한다.
② 과태료 처분의 고지를 받은 날부터 30일 이내에 이의를 제기할 수 있다.
③ 과태료 처분을 받은 자가 이의를 제기한 경우 처분권자는 보건복지부장관에게 이를 통보한다.
④ 기간 내 이의가 없이 과태료를 납부하지 아니한 때에는 지방세 체납 처분의 예에 따른다.

이의를 제기한 경우에는 관할 법원에 통보해야 하며, 보건복지부장관에게 통보하는 것은 잘못된 설명이다.

★★ 26

다음 중 청문의 대상이 아닌 때는?

① 면허취소 처분을 하고자 하는 때
② 면허정지 처분을 하고자 하는 때
③ 영업소 폐쇄명령의 처분을 하고자 하는 때
④ 벌금으로 처벌하고자 하는 때

청문은 행정처분을 하기 전 당사자의 의견을 듣기 위한 절차이고 벌금은 사법적 처벌이므로 청문 대상이 아니다.

27

신고를 하지 아니하고 영업소의 소재지를 변경한 때 1차 위반 시 행정처분 기준은?

① 영업장 폐쇄명령
② 영업정지 6월
③ 영업정지 3월
④ **영업정지 1월**

> 영업소 소재지를 변경하고 신고하지 않은 경우, 1차 위반 시 행정처분 기준은 영업정지 1월이다.

28

이 · 미용업 영업신고 신청 시 필요한 구비서류에 해당하는 것은?

① 이 · 미용사 자격증 원본
② **면허증 원본**
③ 호적등본 및 주민등록등본
④ 건축물 대장

> 영업신고 시에는 본인의 면허증 원본을 제출해야 하며, 이는 자격을 증명하는 공식 서류이다.

29

화장수에 대한 설명 중 올바르지 않은 것은?

① 수렴화장수는 아스트린젠트라고 불린다.
② 수렴화장수는 지성, 복합성 피부에 효과적으로 사용된다.
③ 유연화장수는 건성 또는 노화피부에 효과적으로 사용된다.
④ **유연화장수는 모공을 수축시켜 피부결을 섬세하게 정리해 준다.**

> 유연화장수는 피부를 부드럽게 하고 수분을 공급하는 역할을 하며, 모공 수축 기능은 수렴화장수의 특징이다.

30

아줄렌(Azulene)은 어디에서 얻어지는가?

① **카모마일(Camomile)**
② 로얄젤리(Royal Jelly)
③ 아르니카(Armica)
④ 조류(Algae)

> 아줄렌은 카모마일에서 추출되는 성분으로, 항염 및 진정 효과가 있어 민감성 피부에 적합한 화장품 원료로 사용된다.

31

향수에 대한 설명으로 옳은 것은?

① **퍼퓸(Perfume) - 알코올 70%와 향수원액을 30% 포함하며, 향이 3일 정도 지속된다.**
② 오드 퍼퓸(Eau de Perfume) - 알코올 95% 이상, 향수원액 2~3%로 30분 정도 향이 지속된다.
③ 샤워 코롱(Shower Cologne) - 알코올 80%와 물 및 향수원액 15%가 함유된 것으로 5시간 정도 향이 지속된다.
④ 헤어 토닉(Hair Tonic) - 알코올 85~95%와 향수원액 8% 가량이 함유된 것으로 향이 2~3시간 정도 지속된다.

> 퍼퓸은 향수 중 가장 농도가 높고 지속력이 강한 제품으로, 향수원액이 30% 정도 포함되어 향이 3일 정도 지속된다.

32

린스의 기능으로 틀린 것은?

① 정전기를 방지한다.
② 모발 표면을 보호한다.
③ 자연스러운 광택을 준다.
④ **세정력이 강하다.**

> 린스는 모발을 부드럽게 하고 보호하는 역할을 한다. 세정력은 샴푸의 기능이므로 틀린 설명이다.

33

화장품 성분 중 기초 화장품이나 메이크업 화장품에 널리 사용되는 고형의 유성성분으로, 화학적으로는 고급지방산에 고급알코올이 결합된 에스테르이며, 화장품의 굳기를 증가시켜 주는 원료에 속하는 것은?

① 왁스(Wax)
② 폴리에틸렌글리콜(Polyethylene Glycol)
③ 피마자유(Castor Oil)
④ 바셀린(Vaseline)

왁스는 고형의 유성 성분으로, 화장품의 형태를 유지하고 굳기를 높이는 데 사용된다. 에스테르 구조를 가지며 안정성이 높다.

34

화장품의 4대 요건에 속하지 않는 것은?

① 안전성
② 안정성
③ 치유성
④ 유효성

화장품은 안전성, 안정성, 유효성, 사용성 등을 갖추어야 하며, 치유성은 의약품의 특성으로 화장품의 요건에는 포함되지 않는다.

35

다음 중 미백 기능과 가장 거리가 먼 것은?

① 비타민C
② 코직산
③ 캠퍼
④ 감초

캠퍼는 피부 진정이나 혈액순환 촉진에 사용되는 성분으로, 미백 기능과는 관련이 적다. 비타민C, 코직산, 감초는 대표적인 미백 성분이다.

36

네일미용의 역사에 대한 설명으로 틀린 것은?

① 최초의 미용네일은 기원전 3000년 경에 이집트에서 시작되었다.
② 고대 이집트에서는 헤나를 이용하여 붉은 오렌지색으로 손톱을 물들였다.
③ 그리스에서는 계란 흰자와 아라비아산 고무나무 수액을 섞어 손톱에 칠하였다.
④ 15세기 중국의 명 왕조에서는 흑색과 적색으로 손톱에 칠하여 장식하였다.

그리스에서 계란 흰자와 고무나무 수액을 섞어 손톱에 칠했다는 기록은 없으므로 잘못된 설명이다.

37

손톱의 구조 중 조근에 대한 설명으로 가장 적합한 것은?

① 손톱 모양을 만든다.
② 연분홍의 반달모양이다.
③ 손톱이 자라기 시작하는 곳이다.
④ 손톱의 수분공급을 담당한다.

조근은 손톱이 생성되는 부위로, 손톱의 성장과 관련된 가장 중요한 부분이고 손톱의 뿌리에 해당한다.

38

네일 샵의 안전관리를 위한 대처방법으로 가장 적합하지 않은 것은?

① 화학물질을 사용할 때에는 반드시 뚜껑이 있는 용기를 이용한다.
② 작업 시 마스크를 착용하여 가루의 흡입을 막는다.
③ 작업공간에서는 음식물이나 음료, 흡연을 금한다.
④ 가능하면 스프레이 형태의 화학물질을 사용한다.

스프레이 형태의 화학물질은 공기 중에 퍼져 흡입 위험이 있으므로 가능한 피하는 것이 좋다.

★★ 39

손톱의 구조에서 자유연(프리에지) 밑부분의 피부를 무엇이라고 하는가?

① 하조피(하이포니키움)
② 조구(네일 그루브)
③ 큐티클
④ 조상연(페리오니키움)

> 하조피는 손톱의 자유연 아래에 위치한 피부로, 외부 물질이 손톱 아래로 침투하는 것을 막아주는 역할을 한다.

★★ 40

다음 중 손톱의 역할과 가장 거리가 먼 것은?

① 손끝과 발끝을 외부자극으로부터 보호한다.
② 미적·장식적 기능이 있다.
③ 방어와 공격의 기능이 있다.
④ 분비 기능이 있다.

> 손톱은 보호 및 미적 기능을 가지며, 분비 기능이 없다. 분비는 땀샘이나 피지선의 기능이다.

★ 41

다음 중 손가락의 수지골 뼈의 명칭이 아닌 것은?

① 기절골
② 말절골
③ 중절골
④ 요골

> 요골은 팔의 뼈 중 하나로, 손가락의 수지골에는 해당하지 않는다. 수지골은 기절골, 중절골, 말절골로 구성된다.

★ 42

다음 중 네일미용 시술이 가능한 경우는?

① 사상균증
② 조갑구만증
③ 조갑탈락증
④ 행네일

> 행네일은 손톱 주변의 피부가 일시적으로 벗겨지는 상태로, 감염이 없고 경미한 경우에는 네일 시술이 가능하다.

★★ 43

네일도구의 설명으로 틀린 것은?

① 큐티클 니퍼: 손톱 위에 거스러미가 생긴 살을 제거할 때 사용한다.
② 아크릴릭 브러시: 아크릴릭 파우더로 볼을 만들어 인조손톱을 만들 때 사용한다.
③ 클리퍼: 인조 팁을 잘라 길이를 조절할 때 사용한다.
④ 아크릴릭 폼지: 팁 없이 아크릴릭 파우더만을 가지고 네일을 연장할 때 사용하는 일종의 받침대 역할을 한다.

> 클리퍼는 손톱을 자르는 도구이며, 인조 팁을 자르는 데는 팁 커터를 사용하므로 틀린 설명이다.

★★ 44

손가락과 손가락 사이가 붙지 않고 벌어지게 하는 외향에 작용하는 손등의 근육은?

① 외전근
② 내전근
③ 대립근
④ 회외근

> 외전근은 손가락을 바깥쪽으로 벌어지게 하는 근육으로, 손등의 움직임과 관련된 기능을 수행한다.

45

네일미용 관리 중 고객관리에 대한 응대로 지켜야 할 사항이 아닌 것은?

① 시술의 우선 순위에 대한 논쟁을 막기 위해서 예약 고객을 우선으로 한다.
② 고객이 도착하기 전에는 필요한 물건과 도구를 준비해야 한다.
③ 관리 중에는 고객과 대화를 나누지 않는다.
④ 고객에게 소지품과 옷 보관함을 제공하고 바뀌는 일이 없도록 한다.

> 고객과의 대화는 서비스의 일환으로 중요하며, 고객 만족도를 높이는 요소이다. 따라서 대화를 나누지 않는다는 설명은 바람직하지 않다.

46

고객관리에 대한 설명으로 옳은 것은?

① 피부 습진이 있는 고객은 처치를 하면서 서비스한다.
② 진한 메이크업을 하고 고객을 응대한다.
③ 네일제품으로 인한 알레르기 반응이 생길 수 있으므로 원인이 되는 제품의 사용을 멈추도록 한다.
④ 문제성 피부를 지닌 고객에게 주어진 업무수행을 자유롭게 한다.

> 고객에게 알레르기 반응이 나타날 경우, 해당 제품의 사용을 중단하고 안전한 대체 제품을 사용하는 것이 바람직하다.

47

다음 중 발의 근육에 해당하는 것은?

① 비복근
② 대퇴근
③ 장골근
④ 족배근

> 족배근은 발등에 위치한 근육으로, 발의 움직임과 균형 유지에 관여하고 나머지는 다리나 골반 부위의 근육이다.

48

화학물질로부터 자신과 고객을 보호하는 방법으로 틀린 것은?

① 화학물질은 피부에 닿아도 되기 때문에 신경쓰지 않아도 된다.
② 통풍이 잘되는 작업장에서 작업을 한다.
③ 공중 스프레이 제품보다 찍어 바르거나 솔로 바르는 제품을 선택한다.
④ 콘택트 렌즈의 사용을 제한한다.

> 화학물질은 피부에 닿을 경우 자극이나 알레르기를 유발할 수 있으므로 반드시 주의해야 하므로 틀린 설명이다.

49

한국의 네일미용의 역사에 관한 설명 중 틀린 것은?

① 우리나라 네일 장식의 시작은 봉선화 꽃물을 들이는 것이라 할 수 있다.
② **한국의 네일 산업이 본격화되기 시작한 것은 1960년대 중반으로 미국과 일본의 영향으로 네일산업이 급성장하면서 대중화되기 시작했다.**
③ 1990년대부터 대중화 되어 왔고 1998년에는 민간자격증이 도입되었다.
④ 화장품 회사에서 다양한 색상의 폴리시를 판매하면서 일반인들이 네일에 대해 관심을 갖기 시작했다.

> 한국의 네일 산업은 1990년대 이후 본격적으로 대중화되었으며, 1960년대 중반은 시기적으로 맞지 않는 설명이다.

50

네일 질환 중 교조증(오니코파지, Onychophagy)의 원인과 관리방법 중 가장 적합한 것은?

① 유전에 의하여 손톱의 끝이 두껍게 자라는 것이 원인으로 매니큐어나 페디큐어가 증상을 완화시킨다.
② 멜라닌 색소가 착색되어 일어나는 증상이 원인이며 손톱이 자라면서 없어지기도 한다.
③ **손톱을 심하게 물어뜯을 경우 원인이 되며 인조 손톱을 붙여서 교정할 수 있다.**
④ 식습관이나 질병에서 비롯된 증상이 원인이며 부드러운 파일을 사용하여 관리한다.

> 교조증은 손톱을 물어뜯는 습관으로 인해 발생하는 질환이며, 인조 손톱을 붙여 물어뜯는 행동을 방지하는 것이 효과적인 관리 방법이다.

51

습식 매니큐어 시술에 관한 설명으로 틀린 것은?

① 고객의 취향과 기호에 맞게 손톱 모양을 잡는다.
② 자연 손톱 파일링 시 한 방향으로 시술한다.
③ 손톱 질환이 심각할 경우 의사의 진료를 권한다.
④ **큐티클을 죽은 각질피부이므로 반드시 모두 제거하는 것이 좋다.**

> 큐티클은 손톱을 보호하는 역할을 하므로, 모두 제거하는 것은 바람직하지 않고 필요한 부분만 정리하는 것이 적절하다.

52

폴리시를 바르는 방법 중 손톱이 길고 가늘게 보이도록 하기 위해 양쪽 사이드 부위를 남겨두는 컬러링 방법은?

① 프리에지(Free Edge)
② 풀 코트(Full Coat)
③ **슬림 라인(Slim Line)**
④ 루눌라(Lunula)

> 슬림 라인은 손톱의 양쪽 사이드를 남겨두고 가운데만 컬러링하여 손톱이 길고 가늘어 보이게 하는 방법이다.

53

UV젤 네일의 설명으로 옳지 않은 것은?

① 젤은 끈끈한 점성을 가지고 있다.
② **파우더와 믹스되었을 때 단단해진다.**
③ 네일 리무버로 제거되지 않는다.
④ 투명도와 광택이 뛰어나다.

> UV젤은 파우더와 믹스되지 않으며, 단독으로 사용되는 제품이므로 틀린 설명이다.

54

아크릴릭 시술 시 바르는 프라이머에 대한 설명으로 틀린 것은?

① 단백질을 화학작용으로 녹여준다.
② 아크릴릭 네일이 손톱에 잘 부착되도록 도와준다.
③ 피부에 닿으면 화상을 입힐 수 있다.
④ 충분한 양으로 여러 번 도포해야 한다.

> 프라이머는 소량만 사용해야 하며, 과도하게 도포하면 손톱 손상이나 피부 자극을 유발할 수 있다.

55

페디파일의 사용 방향으로 가장 적합한 것은?

① 바깥쪽에서 안쪽으로
② 왼쪽에서 오른쪽으로
③ 족문 방향으로
④ 사선 방향으로

> 족문 방향은 발의 구조에 따라 각질을 효과적으로 제거할 수 있는 방향으로, 페디파일 사용 시 가장 적합한 방식이다.

56

큐티클을 정리하는 도구의 명칭으로 가장 적합한 것은?

① 핑거볼
② 니퍼
③ 핀셋
④ 클리퍼

> 니퍼는 큐티클을 정리할 때 사용하는 전문 도구로, 손톱 주변의 각질을 깔끔하게 제거할 수 있다.

57

네일 팁 오버레이의 시술과정에 대한 설명으로 틀린 것은?

① 네일 팁 접착 시 자연 손톱 길이의 1/2 이상 덮지 않는다.
② 자연 손톱이 넓은 경우 좁게 보이게 하기 위하여 작은 사이즈의 네일 팁을 붙인다.
③ 네일 팁의 접착력을 높여주기 위해 자연 손톱에 에칭작업을 한다.
④ 프리 프라이머를 자연 손톱에만 도포한다.

> 손톱보다 작은 사이즈의 팁을 사용하면 들뜸이나 파손의 위험이 있으므로, 손톱 크기에 맞는 팁을 사용하는 것이 바람직하다.

58

페디큐어의 시술방법으로 맞는 것은?

① 파고드는 발톱의 예방을 위하여 발톱의 모양(Shape)은 일자형으로 한다.
② 혈압이 높거나 심장병이 있는 고객은 마사지를 더 강하게 해 준다.
③ 모든 각질 제거에는 콘커터를 사용하여 완벽하게 제거한다.
④ 발톱의 모양은 무조건 고객이 원하는 형태로 잡아준다.

> 파고드는 발톱을 예방하기 위해서는 발톱을 일자형으로 다듬는 것이 좋다. 이는 발톱이 살을 파고드는 것을 방지하는 데 도움이 된다.

아크릴릭 네일의 보수 과정에 대한 설명으로 가장 거리가 먼 것은?

① 들뜬 부분의 경계를 파일링 한다.
② 아크릴릭 표면이 단단하게 굳은 후에 파일링 한다.
③ 새로 자라난 자연 손톱 부분에 프라이머를 바른다.
④ 들뜬 부분에 오일 도포 후 큐티클을 정리한다.

> 오일은 보수 작업 전에 사용하면 접착력을 떨어뜨릴 수 있으므로, 들뜬 부분에 오일을 도포하는 것은 적절하지 않다.

60

네일 팁에 대한 설명으로 틀린 것은?

① 네일 팁 접착 시 손톱의 1/2 이상 커버해서는 안 된다.
② 네일 팁은 손톱의 크기에 너무 크거나 작지 않은 가장 잘 맞는 사이즈의 팁을 사용한다.
③ 웰 부분의 형태에 따라 풀 웰(Full Well)과 하프 웰(Half Well)이 있다.
④ 자연 손톱이 크고 납작한 경우 커브타입의 팁이 좋다.

> 자연 손톱이 크고 납작한 경우에는 플랫 타입의 팁이 적합하며, 커브 타입은 들뜸 현상이 발생할 수 있다.

제5회 CBT 기출복원문제

01

야채를 고온에서 요리할 때 가장 파괴되기 쉬운 비타민은?

① 비타민 C
② 비타민 A
③ 비타민 D
④ 비타민 K

> 비타민 C는 수용성 비타민으로 열과 산소에 매우 약한 성질을 가지고 있어 고온에서 조리할 경우 쉽게 파괴된다. 특히 끓는 물에 오래 삶거나 볶는 과정에서 손실률이 높다.

02

다음 중 병원소에 해당하지 않는 것은?

① 흙
② 물
③ 가축
④ 보균자

> 병원소는 병원체가 생존하고 증식할 수 있는 장소를 의미한다. 흙, 가축, 보균자는 병원소에 해당하지만, 물은 일반적으로 병원소로 분류되지 않는다.

03

일반폐기물 처리방법 중 가장 위생적인 방법은?

① 매립법
② 소각법
③ 투기법
④ 비료화법

> 소각법은 고온에서 폐기물을 태워 병원성 미생물을 제거할 수 있어 가장 위생적인 처리 방법으로 평가된다. 특히 감염 위험이 있는 폐기물 처리에 효과적이다.

04

인구통계에서 5~9세 인구란?

① 만4세 이상~만8세 미만 인구
② 만5세 이상~만10세 미만 인구
③ 만4세 이상~만9세 미만 인구
④ 4세 이상~9세 이하 인구

> 인구통계에서 5~9세 인구는 만 5세 이상부터 만 10세 미만까지의 연령대를 의미하며 통계 기준에 따라 정확하게 구분된다.

05 ✿

모유수유에 대한 설명으로 옳지 않은 것은?

① 수유 전 산모의 손을 씻어 감염을 예방하여야 한다.
② **모유수유를 하면 배란을 촉진시켜 임신을 예방하는 효과가 없다.**
③ 모유에는 림프구, 대식세포 등의 백혈구가 들어 있어 각종 감염으로부터 장을 보호하고 설사를 예방하는 데 큰 효과를 갖고 있다.
④ 초유는 영양가가 높고 면역체가 있으므로 아기에게 반드시 먹이도록 한다.

> 모유수유는 배란을 억제하는 효과가 있어 자연적인 피임 효과를 기대할 수 있으므로 틀린 설명이다.

06 ✿✿✿

감염병 감염 후 얻어지는 면역의 종류는?

① 인공능동면역
② 인공수동면역
③ **자연능동면역**
④ 자연수동면역

> 자연능동면역은 감염병에 실제로 감염된 후 체내에서 항체가 생성되어 얻어지는 면역으로, 인체가 병원체에 직접 반응하여 면역을 형성하는 방식이다.

07 ✿✿

다음 중 출생 후 아기에게 가장 먼저 실시하게 되는 예방접종은?

① 파상풍
② **B형 간염**
③ 홍역
④ 폴리오

> B형 간염 예방접종은 출생 직후 가장 먼저 실시하는 예방접종으로, 산모로부터 수직 감염을 예방하기 위한 중요한 조치이다.

08 ✿✿

바이러스의 특성으로 가장 거리가 먼 것은?

① 생체 내에서만 증식이 가능하다.
② 일반적으로 병원체 중에서 가장 작다.
③ 황열바이러스가 인간질병 최초의 바이러스이다.
④ **항생제에 감수성이 있다.**

> 바이러스는 항생제에 감수성이 없으며, 항생제로 치료할 수 없다. 항생제는 세균에만 효과가 있으며, 바이러스에는 항바이러스제가 사용된다.

09 ✿✿✿

소독제의 적정 농도로 틀린 것은?

① 석탄산 1~3%
② 승홍수 0.1%
③ 크레졸수 1~3%
④ **알코올 1~3%**

> 알코올의 적정 농도는 일반적으로 70% 내외이다. 1~3%는 너무 낮아 소독 효과가 없기 때문에 틀린 설명이다.

10 ✿✿✿

병원성·비병원성 미생물 및 포자를 가진 미생물 모두를 사멸 또는 제거하는 것은?

① 소독
② **멸균**
③ 방부
④ 정균

> 멸균은 모든 종류의 미생물과 그 포자까지 완전히 사멸시키는 과정이다. 소독은 일부 미생물만 제거하며, 멸균이 가장 강력한 위생 처리 방법이다.

★★★
11

다음 중 이·미용업소에서 가장 쉽게 옮겨질 수 있는 질병은?

① 소아마비
② 뇌염
③ 비활동성 결핵
④ 전염성 안질

전염성 안질은 눈을 통해 쉽게 전파되는 감염병으로, 이·미용업소에서 수건이나 손의 접촉을 통해 감염될 수 있어 주의가 필요하다.

★★
12

다음 중 음용수 소독에 사용되는 소독제는?

① 석탄산
② 액체염소
③ 승홍
④ 알코올

액체염소는 음용수 소독에 널리 사용되는 소독제로, 물속의 병원균을 효과적으로 제거할 수 있다. 석탄산이나 승홍은 인체에 유해하므로 사용하지 않는다.

★
13

다음 중 미생물학의 대상에 속하지 않는 것은?

① 세균
② 바이러스
③ 원충
④ 원시동물

원시동물은 미생물학의 대상이 아니며, 일반적으로 크기가 크고 현미경 없이도 관찰 가능한 생물이다. 미생물학은 세균, 바이러스, 원충 등을 연구한다.

★
14

소독제의 사용 및 보존상의 주의점으로 틀린 것은?

① 일반적으로 소독제는 밀폐시켜 일광이 직사되지 않는 곳에 보존해야 한다.
② 부식과 상관이 없으므로 보관 장소의 제한이 없다.
③ 승홍이나 석탄산 같은 것은 인체에 유해하므로 특별히 주의 취급하여야 한다.
④ 염소제는 일광과 열에 의해 분해되지 않도록 냉암소에 보존하는 것이 좋다.

대부분의 소독제는 금속이나 피부에 부식성을 가지므로 보관 장소에 주의가 필요하므로 틀린 설명이다.

★
15

리보플라빈이라고도 하며, 녹색 채소류, 밀의 배아, 효모, 계란, 우유 등에 함유되어 있고 결핍되면 피부염을 일으키는 것은?

① 비타민 B2
② 비타민 E
③ 비타민 K
④ 비타민 A

비타민 B2는 리보플라빈이라고도 하며, 결핍 시 구내염, 피부염, 눈의 피로 등을 유발할 수 있다. 다양한 식품에 함유되어 있어 균형 잡힌 식단이 중요하다.

★★★
16

다음 태양광선 중 파장이 가장 짧은 것은?

① UV-A
② UV-B
③ UV-C
④ 가시광선

UV-C는 자외선 중 가장 짧은 파장을 가지며, 살균 효과가 강하지만 대부분 대기층에서 흡수되어 지표면에는 도달하지 않는다.

★★ 17

멜라닌 색소 결핍의 선천적 질환으로 쉽게 일광화상을 입는 피부병변은?

① 주근깨
② 기미
③ **백색증**
④ 노인성 반점(검버섯)

백색증은 멜라닌 색소가 결핍된 선천적 질환으로, 피부가 햇빛에 매우 민감하여 일광화상을 쉽게 입는다.

★★ 18

진균에 의한 피부병변이 아닌 것은?

① 족부백선
② **대상포진**
③ 무좀
④ 두부백선

대상포진은 바이러스에 의해 발생하는 질환이며, 나머지 보기는 진균(곰팡이)에 의해 발생하는 피부병변이다.

★★★ 19

피부에 대한 자외선의 영향으로 피부의 급성반응과 가장 거리가 먼 것은?

① 홍반반응
② 화상
③ 비타민 D 합성
④ **광노화**

광노화는 자외선에 장기간 노출되어 발생하는 만성적 변화로, 급성반응과는 거리가 있다.

★★★ 20

얼굴에서 피지선이 가장 발달된 곳은?

① 이마 부분
② **코 옆 부분**
③ 턱 부분
④ 뺨 부분

코 옆 부분은 피지선이 가장 활발하게 분포된 부위로, 피지 분비가 많아 블랙헤드나 여드름이 잘 생긴다.

★★★ 21

에크린 땀샘(소한선)이 가장 많이 분포된 곳은?

① **발바닥**
② 입술
③ 음부
④ 유두

에크린 땀샘은 체온 조절을 위해 땀을 분비하는 땀샘으로, 손바닥과 발바닥에 가장 많이 분포되어 있다.

★★★ 22

이 · 미용업소 내에 반드시 게시하지 않아도 무방한 것은?

① 이 · 미용업 신고증
② 개설자의 면허증 원본
③ 최종지불요금표
④ **이 · 미용사 자격증**

이 · 미용사 자격증은 게시 의무가 없으며, 신고증과 면허증, 요금표는 반드시 게시해야 한다.

다음 중 이·미용업의 시설 및 설비기준으로 옳은 것은?

✔ 소독기, 자외선 살균기 등의 소독장비를 갖추어야 한다.
② 영업소 안에는 별실, 기타 이와 유사한 시설을 설치할 수 있다.
③ 응접장소와 작업장소를 구획하는 경우에는 외부에서 내부를 확인할 수 없어야 한다.
④ 탈의실, 욕실, 욕조 및 샤워기를 설치하여야 한다.

> 이·미용업소는 위생관리를 위해 소독장비를 반드시 갖추어야 하며, 나머지 항목은 필수 기준이 아니다.

★★★
24

풍속관련법령 등 다른 법령에 의하여 관계행정기관의 장의 요청이 있을 때 공중위생영업자를 처벌할 수 있는 자는?

① 시·도지사
✔ 시장·군수·구청장
③ 보건복지부장관
④ 행정자치부장관

> 공중위생영업자의 처벌 권한은 해당 지역의 시장·군수·구청장에게 있으며, 요청이 있을 경우 행정처분을 내릴 수 있다.

★★
25

1차 위반 시의 행정처분이 면허취소가 아닌 것은?

① 국가기술자격법에 따라 이·미용사 자격이 취소된 때
② 이중으로 면허를 취득한 때
③ 면허정지 처분을 받고 그 정지 기간 중 업무를 행한 때
✔ 국가기술자격법에 의하여 이·미용사 자격정지 처분을 받을 때

> 자격정지 처분은 면허취소 사유가 아니며, 일정 기간 업무를 제한하는 행정처분이다.

★★★
26

다음 중 영업소 외에서 이용 또는 미용업무를 할 수 있는 경우는?

> ㄱ. 중병에 걸려 영업소에 나올 수 없는 자의 경우
> ㄴ. 혼례 기타 의식에 참여하는 자에 대한 경우
> ㄷ. 이용장의 감독을 받은 보조원이 업무를 하는 경우
> ㄹ. 미용사가 손님 유치를 위하여 통행이 빈번한 장소에서 업무를 하는 경우

① ㄷ
✔ ㄱ, ㄴ
③ ㄱ, ㄴ, ㄷ
④ ㄱ, ㄴ, ㄷ, ㄹ

> 공중위생관리법에 따라 일정한 조건(예 환자, 장애인, 행사 등)에 해당하는 경우에는 영업소 외에서도 업무 수행이 가능하다.

27
★★★

공중위생영업의 승계에 대한 설명으로 틀린 것은?

① 공중위생영업자가 그 공중위생영업을 양도하거나 사망한 때 또는 법인의 합병이 있는 때에는 그 양수인·상속인 또는 합병 후 존속하는 법인이나 합병에 의하여 설립되는 법인은 그 공중위생 영업자의 지위를 승계한다.
② 이용업 또는 미용업의 경우에는 규정에 의한 면허를 소지한 자에 한하여 공중위생영업자의 지위를 승계할 수 있다.
③ 민사집행법에 의한 경매, 채무자 회생 및 파산에 관한 법률에 의한 환가나 국세징수법·관세법 또는 지방세기본법에 의한 압류재산의 매각, 그 밖에 이에 준하는 절차에 따라 공중위생영업 관련 시설 및 설비의 전부를 인수한 자는 이 법에 의한 그 공중위생영업자의 지위를 승계한다.
④ 공중위생영업자의 지위를 승계한 자는 1월 이내에 보건복지부령이 정하는 바에 따라 보건복지부장관에게 신고하여야 한다.

> 승계 신고는 보건복지부장관이 아닌 관할 시장·군수·구청장에게 해야 하므로 틀린 설명이다.

28
★★

처분기준이 2백만 원 이하의 과태료가 아닌 것은?

① 규정을 위반하여 영업소 이외 장소에서 이·미용 업무를 행한 자
② 위생교육을 받지 아니한 자
③ 위생 관리 의무를 지키지 아니한 자
④ 관계 공무원의 출입·검사, 기타 조치를 거부·방해 또는 기피한 자

> 공무원의 정당한 업무를 방해하거나 거부한 경우에는 더 높은 금액의 과태료가 부과될 수 있으므로 해당되지 않는다.

29
★★★

향수의 부향률이 높은 순에서 낮은 순으로 바르게 정렬된 것은?

① 퍼퓸 > 오데 퍼퓸 > 오데 토일렛 > 오데 코롱
② 퍼퓸 > 오데 토일렛 > 오데 퍼퓸 > 오데 코롱
③ 오데 코롱 > 오데 퍼퓸 > 오데 토일렛 > 퍼퓸
④ 오데 코롱 > 오데 토일렛 > 오데 퍼퓸 > 퍼퓸

> 향수의 부향률은 퍼퓸이 가장 높고, 그 다음이 오데 퍼퓸, 오데 토일렛, 오데 코롱 순이다. 향의 지속력도 이 순서와 비례한다.

30
★★

화장품의 요건 중 제품이 일정기간 동안 변질되거나 분리되지 않는 것을 의미하는 것은 무엇인가?

① 안전성
② 안정성
③ 사용성
④ 유효성

> 안정성은 화장품이 일정 기간 동안 물리적·화학적 변화 없이 품질을 유지하는 능력을 의미한다.

31
★★

자외선 차단 성분의 기능이 아닌 것은?

① 노화를 막는다.
② 과색소를 막는다.
③ 일광화상을 막는다.
④ 미백작용을 한다.

> 자외선 차단제는 자외선으로 인한 피부 손상을 예방하지만, 직접적인 미백 작용은 하지 않으므로 미백은 별도의 기능성 성분이 필요하다.

32
★★★

다음 중 화장수의 역할이 아닌 것은?

① 피부의 수렴작용을 한다.
② 피부 노폐물의 분비를 촉진시킨다.
③ 각질층에 수분을 공급한다.
④ 피부의 pH 균형을 유지시킨다.

> 화장수는 피부를 정돈하고 수분을 공급하며 pH 균형을 유지하지만, 노폐물의 분비를 촉진하는 기능은 없다.

33
★

양모에서 추출한 동물성 왁스는?

① 라놀린
② 스쿠알렌
③ 레시틴
④ 리바이탈

> 라놀린은 양의 털에서 추출한 지방 성분으로, 피부 보호와 보습 효과가 뛰어나 화장품에 널리 사용된다.

34
★

세정제에 대한 설명으로 옳지 않은 것은?

① 가능한 한 피부의 생리적 균형에 영향을 미치지 않는 제품을 사용하는 것이 바람직하다.
② 대부분의 비누는 알칼리성의 성질을 가지고 있어서 피부의 산, 염기 균형에 영향을 미치게 된다.
③ 피부노화를 일으키는 활성산소로부터 피부를 보호하기 위해 비타민 C, 비타민 E를 사용한 기능성 세정제를 사용할 수도 있다.
④ 세정제는 피지선에서 분비되는 피지와 피부장벽의 구성요소인 지질성분을 제거하기 위하여 사용된다.

> 세정제는 피부장벽을 보호하면서 노폐물만 제거해야 하며, 지질 성분까지 제거하면 피부 보호막이 손상될 수 있다.

35
★

바디샴푸가 갖추어야 할 이상적인 성질과 거리가 먼 것은?

① 각질의 제거 능력
② 적절한 세정력
③ 풍부한 거품과 거품의 지속성
④ 피부에 대한 높은 안정성

> 바디샴푸는 피부를 부드럽게 세정하는 제품으로, 각질 제거는 별도의 스크럽 제품이 담당한다.

36
★★★

파일의 거칠기 정도를 구분하는 기준은?

① 파일의 두께
② 그릿 숫자
③ 소프트 숫자
④ 파일의 길이

> 그릿 숫자는 파일의 거칠기를 나타내는 기준으로, 숫자가 낮을수록 거칠고 숫자가 높을수록 부드럽다.

37
★★★

부드럽고 가늘며 하얗게 되어 네일 끝이 굴곡진 상태의 증상으로 질병, 다이어트, 신경성 등에서 기인되는 네일 병변으로 옳은 것은?

① 위축된 네일
② 파란 네일
③ 계란껍질 네일
④ 거스러미 네일

> 계란껍질 네일은 얇고 부서지기 쉬운 손톱 상태로, 영양 부족이나 스트레스 등으로 발생할 수 있다.

38

인체를 구성하는 생태학적 단계로 바르게 나열한 것은?

① 세포 - 조직 - 기관 - 계통 - 인체
② 세포 - 기관 - 조직 - 계통 - 인체
③ 세포 - 계통 - 조직 - 기관 - 인체
④ 인체 - 계통 - 기관 - 세포 - 조직

> 생물학적 구성 단계는 가장 작은 단위인 세포에서 시작하여 조직, 기관, 계통, 인체 순으로 구성된다.

39

네일의 역사에 대한 설명으로 틀린 것은?

① 최초의 네일관리는 기원전 3,000년경에 이집트와 중국의 상류층에서 시작되었다.
② 고대 이집트에서는 헤나라는 관목에서 빨간색과 오렌지색을 추출하였다.
③ 고대 이집트에서는 남자들도 네일관리를 하였다.
④ 네일관리는 지금까지 5,000년에 걸쳐 변화되어 왔다.

> 고대 이집트에서 네일관리는 주로 여성 중심으로 이루어졌으며, 남성의 네일관리 기록은 명확하지 않다.

40

고객의 홈케어 용도로 큐티클 오일을 사용 시 주된 사용 목적으로 옳은 것은?

① 네일 표면에 광택을 주기 위해서
② 네일과 네일 주변의 피부에 트리트먼트 효과를 주기 위해서
③ 네일 표면에 변색과 오염을 방지하기 위해서
④ 찢어진 손톱을 보강하기 위해서

> 큐티클 오일은 손톱 주변 피부를 부드럽게 하고 보습 효과를 주어 건강한 손톱 유지에 도움을 준다.

41

폴리시 바르는 방법 중 네일을 가늘어 보이게 하는 것은?

① 프리에지
② 루눌라
③ 프렌치
④ 프리월

> 프리월은 손톱 양쪽 사이드를 남겨두고 가운데만 컬러링하여 손톱이 가늘고 길어 보이게 하는 방법이다.

42

다음 중 네일의 병변과 그 원인의 연결이 잘못된 것은?

① 모반점 - 네일의 멜라닌 색소 작용
② 과잉성장으로 두꺼운 네일 - 유전, 질병, 감염
③ 고랑 파진 네일 - 아연 결핍, 과도한 푸셔링, 순환계 이상
④ 붉거나 검붉은 네일 - 비타민 부족, 레시틴 부족, 만성질환 등

> 붉거나 검붉은 네일은 외상이나 혈액순환 장애로 발생하며, 비타민 부족과는 직접적인 관련이 없다.

43

네일 매트릭스에 대한 설명 중 틀린 것은?

① 손·발톱의 세포가 생성되는 곳이다.
② 네일 매트릭스의 세로 길이는 네일 플레이트의 두께를 결정한다.
③ 네일 매트릭스의 가로 길이는 네일 베드의 길이를 결정한다.
④ 네일 매트릭스는 네일 세포를 생성시키는 데 필요한 산소를 모세혈관을 통해서 공급받는다.

> 네일 매트릭스의 가로 길이는 네일 베드의 길이를 결정하지 않으며, 이는 손톱의 성장 방향과 관련된 구조이다.

★★ 44

다음 중 손의 중간근(중수근)에 속하는 것은?

① 엄지맞섬근
② 엄지모음근
③ **벌레근**
④ 작은원근

> 벌레근은 손가락의 움직임을 돕는 중간근으로, 손의 정밀한 동작에 관여한다.

★★ 45

다음 중 뼈의 구조가 아닌 것은?

① 골막
② **골질**
③ 골수
④ 골조직

> 뼈의 구조: 골막, 골조직, 골수강, 골수

★★★ 46

건강한 손톱의 조건으로 틀린 것은?

① 12~18%의 수분을 함유하여야 한다.
② 네일 베드에 단단히 부착되어 있어야 한다.
③ **루눌라(반월)가 선명하고 커야 한다.**
④ 유연성과 강도가 있어야 한다.

> 루눌라의 크기나 선명도는 건강의 절대적인 지표가 아니며, 사람마다 차이가 있으므로 틀린 설명이다.

★★★ 47

일반적인 손·발톱의 성장에 관한 설명 중 틀린 것은?

① **소지 손톱이 가장 빠르게 자란다.**
② 여성보다 남성의 경우 성장 속도가 빠르다.
③ 여름철에 더 빨리 자란다.
④ 발톱의 성장 속도는 손톱의 성장 속도보다 1/2 정도 늦다.

> 손톱 중에서는 중지가 가장 빠르게 자라며, 소지는 가장 느리게 자라므로 틀린 설명이다.

★★ 48

다음 중 소독방법에 대한 설명으로 틀린 것은?

① 과산화수소 3% 용액을 피부 상처의 소독에 사용한다.
② 포르말린 1~1.5% 수용액을 도구 소독에 사용한다.
③ 크레졸 3% 물 97% 수용액을 도구 소독에 사용한다.
④ **알코올 30%의 용액을 손, 피부 상처에 사용한다.**

> 알코올은 일반적으로 70% 농도에서 가장 효과적인 소독력을 가지며, 30%는 소독 효과가 부족하다.

★★ 49

한국 네일미용의 역사와 가장 거리가 먼 것은?

① 고려시대부터 주술적 의미로 시작하였다.
② 1990년대부터 네일산업이 점차 대중화되어 갔다.
③ 1998년 민간자격시험 제도가 도입 및 시행되었다.
④ **상류층 여성들은 손톱 뿌리부분에 문신 바늘로 색소를 주입하여 상류층임을 과시하였다.**

> 손톱에 문신 바늘로 색소를 주입했다는 기록은 한국 네일 역사와 관련이 없다.

50

네일 도구를 제대로 위생 처리하지 않고 사용했을 때 생기는 질병으로 시술할 수 없는 손톱의 병변은?

① 오니코렉시스(조갑종렬증)
② **오니키아(조갑염)**
③ 에그쉘 네일(조갑연화증)
④ 니버스(모반점)

> 오니키아는 감염성 염증 질환으로, 위생이 철저하지 않을 경우 쉽게 전염될 수 있어 시술이 금지된다.

51

젤 큐어링 시 발생하는 히팅 현상과 관련한 내용으로 가장 거리가 먼 것은?

① 손톱이 얇거나 상처가 있을 경우에 히팅 현상이 나타날 수 있다.
② 젤 시술이 두껍게 되었을 경우에 히팅 현상이 나타날 수 있다.
③ **히팅 현상 발생 시 경화가 잘 되도록 잠시 참는다.**
④ 젤 시술 시 얇게 여러 번 발라 큐어링하여 히팅 현상에 대처한다.

> 히팅 현상이 발생했을 때는 즉시 큐어링을 중단해야 하며, 참는 것은 적절하지 않으므로 틀린 설명이다.

52

스마일 라인에 대한 설명 중 틀린 것은?

① 손톱의 상태에 따라 라인의 깊이를 조절할 수 있다.
② 깨끗하고 선명한 라인을 만들어야 한다.
③ **좌우 대칭의 밸런스보다 자연스러움을 강조해야 한다.**
④ 빠른 시간에 시술해서 얼룩지지 않도록 해야 한다.

> 스마일 라인은 좌우 대칭과 균형이 중요하며, 자연스러움보다 정확한 대칭이 우선이므로 틀린 설명이다.

53

프라이머의 특징이 아닌 것은?

① 아크릴릭 시술 시 자연 손톱에 잘 부착되도록 돕는다.
② 피부에 닿으면 화상을 입힐 수 있다.
③ 자연 손톱 표면의 단백질을 녹인다.
④ **알칼리 성분으로 자연 손톱을 강하게 한다.**

> 프라이머는 산성 성분을 포함하며, 손톱을 강하게 하는 기능은 없다. 오히려 과도한 사용은 손톱을 약하게 만들 수 있다.

54

가장 기본적인 네일 관리법으로 손톱모양 만들기, 큐티클 정리, 마사지, 컬러링 등을 포함하는 네일 관리법은?

① **습식 매니큐어**
② 페디아트
③ UV젤 네일
④ 아크릴 오버레이

> 습식 매니큐어는 물에 손을 담가 큐티클을 부드럽게 한 후 손톱을 정리하고 컬러링까지 포함하는 기본적인 네일 관리법이다.

55

다음 중 원톤 스캅춰 제거에 대한 설명으로 틀린 것은?

① 니퍼로 뜯는 행위는 자연 손톱에 손상을 주므로 피한다.
② 표면에 에칭을 주어 아크릴 제거가 수월하도록 한다.
③ 100% 아세톤을 사용하여 아크릴을 녹여준다.
④ **파일링만으로 제거하는 것이 원칙이다.**

> 파일링만으로 제거하면 손톱에 과도한 마찰이 가해져 손상될 수 있으므로, 아세톤을 이용한 제거가 원칙이다.

★★ 56

페디큐어 과정에서 필요한 재료로 가장 거리가 먼 것은?

① 니퍼
② 콘커터
③ **액티베이터**
④ 토우 세퍼레이터

> 액티베이터는 주로 인조 네일 시술 시 사용하는 제품으로, 페디큐어 기본 과정에서는 사용되지 않는다.

★★★ 57

자연 손톱에 인조 팁을 붙일 때 유지하는 가장 적합한 각도는?

① 35°
② **45°**
③ 90°
④ 95°

> 인조 팁을 자연 손톱에 붙일 때는 45° 각도로 기울여 부착하는 것이 가장 이상적이며, 밀착력과 유지력을 높일 수 있다.

★ 58

원톤 스컬프처의 완성 시 인조 네일의 아름다운 구조 설명으로 틀린 것은?

① 옆선이 네일의 사이드 월 부분과 자연스럽게 연결되어야 한다.
② 컨벡스와 컨케이브의 균형이 균일해야 한다.
③ 하이 포인트의 위치가 스트레스 포인트 부근에 위치해야 한다.
④ **인조 네일의 길이는 길어야 아름답다.**

> 인조 네일의 아름다움은 길이보다는 비율과 구조의 균형에 달려 있으며, 무조건 길다고 해서 아름다운 것은 아니다.

★★ 59

네일 폼의 사용에 관한 설명으로 옳지 않은 것은?

① **측면에서 볼 때 네일 폼은 항상 20° 하향하도록 장착한다.**
② 자연 네일과 네일 폼 사이가 멀어지지 않도록 장착한다.
③ 하이포니키움이 손상되지 않도록 주의하며 장착한다.
④ 네일 폼이 틀어지지 않도록 균형을 잘 조절하여 장착한다.

> 네일 폼은 손톱의 형태에 따라 수평 또는 약간 상승된 각도로 장착해야 하며, 항상 20° 하향은 잘못된 설명이다.

★★ 60

페디큐어의 정의로 옳은 것은?

① 발톱을 관리하는 것을 말한다.
② **발과 발톱을 관리, 손질하는 것을 말한다.**
③ 발을 관리하는 것을 말한다.
④ 손상된 발톱을 교정하는 것을 말한다.

> 페디큐어는 발과 발톱을 모두 포함하여 관리하고 손질하는 미용 시술을 의미한다.

제6회 CBT 기출복원문제

01

자연적 환경요소에 속하지 않는 것은?

① 기온
② 기습
③ 소음
④ 위생시설

> 위생시설은 인위적으로 설치된 것으로, 자연적 환경요소가 아닌 인공적 환경요소이다.

02

역학에 대한 내용으로 옳은 것은?

① 인간 개인을 대상으로 질병 발생 현상을 설명하는 학문 분야이다.
② 원인과 경과보다 결과 중심으로 해석하여 질병 발생을 예방한다.
③ 질병 발생 현상을 생물학과 환경적으로 이분하여 설명한다.
④ 인간 집단을 대상으로 질병 발생과 그 원인을 탐구하는 학문이다.

> 역학은 집단을 대상으로 질병의 원인과 분포를 연구하는 공중보건의 핵심 분야이다.

03

파리가 매개할 수 있는 질병과 거리가 먼 것은?

① 아메바성 이질
② 장티푸스
③ 발진티푸스
④ 콜레라

> 발진티푸스는 이(Louse)가 매개하며, 파리와는 관련이 없다.

04

인구구성 중 14세 이하가 65세 이상 인구의 2배 정도이며 출생률과 사망률이 모두 낮은 형은?

① 피라미드형
② 종형
③ 항아리형
④ 별형

> 종형은 출생률과 사망률이 낮고 인구구성이 안정된 형태로, 선진국에서 흔히 나타난다.

05

식생활이 탄수화물이 주가 되며, 단백질과 무기질이 부족한 음식물을 장기적으로 섭취함으로써 발생되는 단백질 결핍증은?

① 펠라그라(Pellagra)
② 각기병
③ 콰시오르코르증(Kwashiorkor)
④ 괴혈병

> 콰시오르코르증은 단백질 결핍으로 인해 발생하는 영양장애로, 복부 팽창 등이 특징이다.

06

제1급 감염병에 해당하는 것은?

① 콜레라, 장티푸스
② 파라티푸스, 홍역
③ 세균성 이질, 폴리오
④ A형 간염, 결핵

> 제1급 감염병은 긴급하게 방역 조치가 필요한 감염병으로 콜레라, 장티푸스 등이 포함된다.

07

흡연이 인체에 미치는 영향으로 가장 적합한 것은?

① 구강암, 식도암 등의 원인이 된다.
② 피부 혈관을 이완시켜서 피부 온도를 상승시킨다.
③ 소화촉진, 식욕증진 등에 영향을 미친다.
④ 폐기종에는 영향이 없다.

> 흡연은 구강암, 식도암, 폐기종 등 다양한 질병의 주요 원인이다.

08

대장균이 사멸되지 않는 경우는?

① 고압증기 멸균
② 저온 소독
③ 방사선 멸균
④ 건열 멸균

> 저온 소독은 온도가 낮아 대장균을 완전히 사멸시키지 못한다.

09

다음 중 자외선 소독기의 사용으로 소독효과를 기대할 수 없는 경우는?

① 여러 개의 머리빗
② 날이 열린 가위
③ 염색용 볼
④ 여러 장의 겹쳐진 타월

> 자외선은 표면에만 작용하므로 겹쳐진 타월 내부까지 소독되지 않는다.

10

다음 중 가위를 끓이거나 증기소독한 후 처리방법으로 가장 적합하지 않은 것은?

① 소독 후 수분을 잘 닦아낸다.
② 수분 제거 후 엷게 기름칠을 한다.
③ 자외선 소독기에 넣어 보관한다.
④ 소독 후 탄산나트륨을 발라둔다.

> 탄산나트륨은 금속에 부식 위험이 있어 가위에 사용하면 안 된다.

11

다음 중 미생물의 종류에 해당하지 않는 것은?

① 진균
② 바이러스
③ 박테리아
④ 편모

> 편모는 세균의 운동기관으로, 미생물의 종류는 아니다.

12

☆

금속성 식기, 면 종류의 의류, 도자기의 소독에 적합한 소독방법은?

① 화염 멸균법
② 건열 멸균법
③ 소각 소독법
④ 자비 소독법

> 자비 소독법은 끓는 물을 이용한 소독법으로, 금속, 면류, 도자기에 적합하다.

13

☆

100℃에서 30분간 가열하는 처리를 24시간마다 3회 반복하는 멸균법은?

① 고압증기 멸균법
② 건열 멸균법
③ 고온 멸균법
④ 간헐 멸균법

> 간헐 멸균법은 포자까지 제거하기 위해 3회 반복하는 멸균법이다.

14

☆☆

여러 가지 물리적·화학적 방법으로 병원성 미생물을 가능한 한 제거하여 사람에게 감염의 위험이 없도록 하는 것은?

① 멸균
② 소독
③ 방부
④ 살충

> 소독은 병원성 미생물을 제거하여 감염 위험을 줄이는 방법이다.

15

☆☆

피지선에 대한 설명으로 틀린 것은?

① 피지를 분비하는 선으로 진피 중에 위치한다.
② 피지선은 손바닥에는 없다.
③ 피지의 1일 분비량은 10~20g 정도이다.
④ 피지선이 많은 부위는 코 주위이다.

> 피지의 1일 분비량은 약 1~2g이며, 10~20g은 과장된 수치이다.

16

☆

다음 중 입모근과 가장 관련 있는 것은?

① 수분 조절
② 체온 조절
③ 피지 조절
④ 호르몬 조절

> 입모근은 털을 세워 체온을 유지하는 데 관여하며, 추울 때 털이 서는 현상과 관련이 있다.

17

☆☆

적외선이 피부에 미치는 작용이 아닌 것은?

① 온열 작용
② 비타민 D 형성 작용
③ 세포증식 작용
④ 모세혈관 확장 작용

> 비타민 D 형성은 자외선에 의해 이루어지며, 적외선은 온열 작용 중심이다.

18

얼굴에 있어 T존 부위는 번들거리고, 볼 부위는 당기는 피부 유형은?

① 건성 피부
② 정상(중성) 피부
③ 지성 피부
④ 복합성 피부

복합성 피부는 T존에 유분이 많고, 볼은 건조한 특징을 가지며 관리가 까다롭다.

19

다음 중 기미의 유형이 아닌 것은?

① 표피형 기미
② 진피형 기미
③ 피하조직형 기미
④ 혼합형 기미

기미는 표피형, 진피형, 혼합형으로 분류되며, 피하조직형은 존재하지 않는다.

20

지용성 비타민이 아닌 것은?

① Vitamin D
② Vitamin A
③ Vitamin E
④ Vitamin B

비타민 B는 수용성 비타민이며, 지용성 비타민은 A, D, E, K이다.

21

단순포진이 나타나는 증상으로 가장 거리가 먼 것은?

① 통증이 심하여 다른 부위로 통증이 퍼진다.
② 홍반이 나타나고 곧이어 수포가 생긴다.
③ 상체에 나타나는 경우 얼굴과 손가락에 잘 나타난다.
④ 하체에 나타나는 경우 성기와 둔부에 잘 나타난다.

단순포진은 국소적인 통증이 특징이며, 통증이 퍼지는 증상은 대상포진에 해당한다.

22

공중위생관리법에서 사용하는 용어의 정의로 틀린 것은?

① "공중위생영업"이라 함은 다수인을 대상으로 위생관리서비스를 제공하는 영업으로서 숙박업, 목욕장업, 이용업, 미용업, 세탁업, 위생관리용역업을 말한다.
② "숙박업"이라 함은 손님이 잠을 자고 머물 수 있도록 시설 및 설비 등의 서비스를 제공하는 영업을 말한다.
③ "위생관리용역업"이라 함은 공중이 이용하는 건축물, 시설물 등의 청결유지와 실내공기정화를 위한 청소 등을 대행하는 영업을 말한다.
④ "미용업"이라 함은 손님의 머리카락 또는 수염을 깎거나 다듬는 등의 방법으로 손님의 용모를 단정하게 하는 영업을 말한다.

머리카락이나 수염을 다듬는 것은 이용업에 해당하며, 미용업은 피부, 손발톱 등을 관리하는 업이다.

23

공중위생관리법상의 규정에 위반하여 위생교육을 받지 아니한 때 부과되는 과태료의 기준은?

① 300만 원 이하
② 500만 원 이하
③ 400만 원 이하
④ 200만 원 이하

> 위생교육 미이수 시 과태료는 200만 원 이하로 규정되어 있다.

24

이·미용사의 면허가 취소되거나 면허의 정지명령을 받은 자는 누구에게 면허증을 반납하여야 하는가?

① 보건복지부장관
② 시·도지사
③ 시장·군수·구청장
④ 보건소장

> 면허증은 관할 시장·군수·구청장에게 반납해야 하며, 지역 행정기관이 관리한다.

25

개선을 명할 수 있는 경우에 해당하지 않는 사람은?

① 공중위생영업의 종류별 시설 및 설비기준을 위반한 공중위생영업자
② 위생관리의무 등을 위반한 공중위생영업자
③ 공중위생영업자의 지위를 승계한 자로서 이에 관한 신고를 하지 아니한 자
④ 위생관리의무를 위반한 공중위생시설의 소유자 등

> 신고 누락은 개선 명령 대상이 아니며, 별도의 행정처분 대상이다.

26

이·미용업자의 위생관리 기준에 대한 내용 중 틀린 것은?

① 요금표 외의 요금을 받지 않을 것
② 의료행위를 하지 않을 것
③ 의료용구를 사용하지 않을 것
④ 1회용 면도날은 손님 1인에 한하여 사용할 것

> 요금표 외의 요금을 받지 않아야 한다는 것은 이·미용업자의 위생관리 기준에 포함된 내용이 아니다.

27

위생서비스 평가 결과 위생서비스의 수준이 우수하다고 인정되는 영업소에 대하여 포상을 실시할 수 있는 자에 해당하지 않는 것은?

① 구청장
② 시·도지사
③ 군수
④ 보건소장

> 보건소장은 포상 권한이 없으며, 행정기관인 시장·군수·구청장 또는 시·도지사가 포상 권한을 가진다.

28

손님에게 도박 그 밖에 사행행위를 하게 한 때에 대한 1차 위반 시 행정처분 기준은?

① 영업정지 1월
② 영업정지 2월
③ 영업정지 3월
④ 영업장 폐쇄명령

> 사행행위는 공중위생법상 금지되며, 1차 위반 시 영업정지 1월의 행정처분이 내려진다.

29

에멀전의 형태를 가장 잘 설명한 것은?

① 지방과 물이 불균일하게 섞인 것이다.
② 두 가지 액체가 같은 농도의 한 액체로 섞여있다.
③ 고형의 물질이 아주 곱게 혼합되어 균일한 것처럼 보인다.
④ 두 가지 또는 그 이상의 액상물질이 균일하게 혼합되어 있는 것이다.

> 에멀전은 서로 섞이지 않는 액체들이 균일하게 분산된 상태로, 유화 형태를 말한다.

30

다음 중 피부 상재균의 증식을 억제하는 항균기능을 가지고 있고, 발생한 체취를 억제하는 기능을 가진 것은?

① 바디 샴푸
② 데오도란트
③ 샤워 코롱
④ 오데 토일렛

> 데오도란트는 항균 작용으로 상재균의 증식을 억제하고, 체취를 줄이는 기능을 한다.

31

기능성 화장품에 사용되는 원료와 그 기능의 연결이 틀린 것은?

① 비타민 C – 미백효과
② AHA – 각질 제거
③ DHA – 자외선 차단
④ 레티노이드 – 콜라겐과 엘라스틴의 회복을 촉진

> DHA는 셀프 태닝 성분으로, 자외선 차단 기능은 없다.

32

방부제가 갖추어야 할 조건이 아닌 것은?

① 독특한 색상과 냄새를 지녀야 한다.
② 적용 농도에서 피부에 자극을 주어서는 안 된다.
③ 방부제로 인하여 효과가 상실되거나 변해서는 안 된다.
④ 일정 기간 동안 효과가 있어야 한다.

> 방부제는 색상과 냄새가 없어야 하며, 자극이 없어야 하므로 틀린 설명이다.

33

화장품법상 화장품이 인체에 사용되는 목적 중 틀린 것은?

① 인체를 청결하게 한다.
② 인체를 미화한다.
③ 인체의 매력을 증진시킨다.
④ 인체의 용모를 치료한다.

> 치료 목적은 의약품의 영역이며, 화장품은 미용과 청결을 위한 제품이다.

34

에센셜 오일의 보관 방법에 관한 내용으로 틀린 것은?

① 뚜껑을 닫아 보관해야 한다.
② 직사광선을 피하는 것이 좋다.
③ 통풍이 잘되는 곳에 보관해야 한다.
④ 투명하고 공기가 통할 수 있는 용기에 보관해야 한다.

> 에센셜 오일은 빛과 공기에 민감하므로 불투명하고 밀폐된 용기에 보관해야 한다.

35 ☆

기초 화장품의 기능이 아닌 것은?

① 피부 세정
② 피부 정돈
③ 피부 보호
④ **피부결점 커버**

> 피부결점 커버는 색조 화장품의 기능이며, 기초 화장품은 피부 상태를 개선하고 보호하는 역할을 한다.

36 ☆

발허리뼈(중족골) 관절을 굴곡 시키고, 외측 4개 발가락의 지골간관절을 신전시키는 발의 근육은?

① **벌레근(충양근)**
② 새끼벌림근(소지외전근)
③ 짧은새끼굽힘근(단소지굴근)
④ 짧은엄지굽힘근(단무지굴근)

> 벌레근은 발허리뼈 관절을 굴곡시키고 발가락을 신전시키는 역할을 한다.

37 ☆

한국네일미용에서 부녀자와 처녀들 사이에서 염지갑화라고 하는 봉선화 물들이기 풍습이 이루어졌던 시기로 옳은 것은?

① 신라시대
② 고구려시대
③ **고려시대**
④ 조선시대

> 고려시대에 봉선화 물들이기 풍습이 있었으며, 염지갑화라 불렸다.

38 ☆☆☆

네일 매트릭스에 대한 설명으로 옳은 것은?

① 네일 베드를 보호하는 기능을 한다.
② 네일 바디를 받쳐주는 역할을 한다.
③ **모세혈관, 림프, 신경조직이 있다.**
④ 손톱이 자라기 시작하는 곳이다.

> 네일 매트릭스는 손톱 생성에 관여하며, 혈관과 신경조직이 포함되어 있다.

39 ☆☆☆

손톱의 성장과 관련한 내용 중 틀린 것은?

① 겨울보다 여름이 빨리 자란다.
② 임신기간 동안에는 호르몬의 변화로 손톱이 빨리 자란다.
③ **피부 유형 중 지성 피부의 손톱이 더 빨리 자란다.**
④ 연령이 젊을수록 손톱이 더 빨리 자란다.

> 손톱 성장과 피부 유형은 직접적인 관련이 없으며, 지성 피부가 더 빨리 자란다는 근거는 없다.

40 ☆☆☆

손톱의 특성에 대한 설명으로 가장 거리가 먼 것은?

① **조체(네일 바디)는 약 5% 수분을 함유하고 있다.**
② 아미노산과 시스테인이 많이 함유되어 있다.
③ 조상(네일 베드)은 혈관에서 산소를 공급받는다.
④ 피부의 부속물로 신경, 혈관, 털이 없으며 반투명의 각질판이다.

> 손톱은 약 12~18%의 수분을 함유하고 있으며, 5%는 너무 낮은 수치이다.

41 ★★★

손톱과 발톱을 너무 짧게 자를 경우 발생할 수 있는 것은?

① 오니코렉시스
② 오니코아트로피
③ 오니코파이마
④ **오니코크립토시스**

> 오니코크립토시스는 내향성 손톱으로, 너무 짧게 자를 경우 발생할 수 있다.

42 ★★

다음 중 손의 근육이 아닌 것은?

① 바깥쪽뼈사이근(장측골간근)
② 등쪽뼈사이근(배측골간근)
③ 새끼맞섬근(소지대립근)
④ **반힘줄근(반건양근)**

> 반힘줄근은 다리 근육으로 손의 근육이 아니다.

43 ★★★

자연 네일이 매끄럽게 되도록 손톱 표면의 거칠음과 기복을 제거하는 데 사용하는 도구로 가장 적합한 것은?

① 100그릿 네일 파일
② 에머리 보드
③ 네일 클리퍼
④ **샌딩 파일**

> 샌딩 파일은 손톱 표면을 부드럽게 다듬는 데 사용된다.

44 ★

네일 미용관리 후 고객이 불만족할 경우 네일 미용인이 우선적으로 해야 할 대처 방법으로 가장 적합한 것은?

① 만족할 수 있는 주변의 네일 샵 소개
② **불만족 부분을 파악하고 해결방안 모색**
③ 샵 입장에서의 불만족 해소
④ 할인이나 서비스 티켓으로 상황 마무리

> 고객 불만은 원인을 파악하고 해결방안을 모색하는 것이 가장 바람직한 대응이다.

45 ★★

손톱의 주요한 기능 및 역할과 가장 거리가 먼 것은?

① 물건을 잡거나 긁을 때 또는 성상을 구별하는 기능이 있다.
② 방어와 공격의 기능이 있다.
③ **노폐물의 분비기능이 있다.**
④ 손끝을 보호한다.

> 손톱은 노폐물을 분비하지 않으며, 보호 및 감각 기능을 수행한다.

46

외국의 네일미용 변천과 관련하여 그 시기와 내용의 연결이 옳은 것은?

✔ 1885년: 폴리시의 필름형성제인 니트로셀룰로즈가 개발되었다.
② 1892년: 손톱 끝이 뾰족한 아몬드형 네일이 유행하였다.
③ 1917년: 도구를 이용한 케어가 시작되었으며 유럽에서 네일관리가 본격적으로 시작되었다.
④ 1960년: 인조 손톱 시술이 본격적으로 시작되었으며 네일관리와 아트가 유행하기 시작하였다.

> 1885년 니트로셀룰로즈 개발은 네일 폴리시의 기반이 되었으며, 네일미용의 중요한 전환점이다.

47

손톱 밑의 구조가 아닌 것은?

✔ 조근(네일 루트)
② 반월(루눌라)
③ 조모(매트릭스)
④ 조상(네일 베드)

> 조근은 손톱 뿌리로 손톱 밑 구조에 포함되지 않으며, 내부 구조에 해당한다.

48

손톱의 이상증상 중 손톱을 심하게 물어뜯어 생기는 증상으로 인조 손톱 관리나 매니큐어를 통해 습관을 개선할 수 있는 것은?

① 고랑진 손톱
✔ 교조증
③ 조갑위축증
④ 조내성증

> 교조증은 손톱을 물어뜯는 습관으로 발생하며, 인조 손톱이나 매니큐어로 개선이 가능하다.

49

손가락 마디에 있는 뼈로서 총 14개로 구성되어 있는 뼈는?

✔ 손가락뼈(수지골)
② 손목뼈(수근골)
③ 노뼈(요골)
④ 자뼈(척골)

> 손가락뼈는 각 손가락에 3개씩, 엄지에 2개로 총 14개로 구성되어 있다.

50

손톱에 대한 설명 중 옳은 것은?

① 손톱에는 혈관이 있다.
② 손톱의 주성분은 인이다.
✔ 손톱의 주성분은 단백질이며, 죽은 세포로 구성되어 있다.
④ 손톱에는 신경과 근육이 존재한다.

> 손톱은 단백질(케라틴)로 구성된 죽은 세포이며, 혈관이나 신경은 없다.

51

인조 네일을 보수하는 이유로 틀린 것은?

① 깨끗한 네일 미용의 유지
② 녹황색균의 방지
③ 인조 네일의 견고성 유지
✔ 인조 네일의 원활한 제거

> 보수는 제거가 아닌 유지와 위생을 위한 작업이므로 틀린 설명이다.

52

★★

페디큐어 컬러링 시 작업 공간 확보를 위해 발가락 사이에 끼워주는 도구는?

① 페디파일
② 푸셔
③ **토우 세퍼레이터**
④ 콘커터

> 토우 세퍼레이터는 발가락 사이 공간을 확보하여 컬러링 시 편리하게 도와준다.

53

★

자연 네일을 오버레이하여 보강할 때 사용할 수 없는 재료는?

① 실크
② 아크릴
③ 젤
④ **파일**

> 파일은 손톱을 다듬는 도구이며, 오버레이 재료로 사용되지 않는다.

54

★★

남성 매니큐어 시 자연 네일의 손톱모양 중 가장 적합한 형태는?

① 오발형
② 아몬드형
③ **둥근형**
④ 사각형

> 둥근형은 남성에게 가장 자연스럽고 관리가 쉬운 손톱 형태이다.

55

★★

페디큐어 작업과정 중 (   )에 해당하는 것은?

> 손·발 소독 – 폴리시 제거 – 길이 및 모양잡기 – (   ) – 큐티클 정리 – 각질 제거하기

① 매뉴얼테크닉
② **족욕기에 발 담그기**
③ 페디 파일링
④ 탑 코트 바르기

> 족욕은 페디큐어의 초기 단계로, 발을 부드럽게 하고 각질 제거를 돕는다.

56

★★

라이트 큐어드 젤에 대한 설명이 옳은 것은?

① 공기 중에 노출되면 자연스럽게 응고된다.
② **특수한 빛에 노출시켜 젤을 응고시키는 방법이다.**
③ 경화 시 실내온도와 습도에 민감하게 반응한다.
④ 글루 사용 후 글루드라이를 분사시켜 말리는 방법이다.

> 라이트 큐어드 젤은 UV 또는 LED 빛에 노출시켜 경화시키는 젤 타입이다.

57

★★★

네일 팁 작업에서 팁을 접착하는 올바른 방법은?

① 자연 네일보다 한 사이즈 정도 작은 팁을 접착한다.
② 큐티클에 최대한 가깝게 부착한다.
③ **45° 각도로 네일 팁을 접착한다.**
④ 자연 네일의 절반 이상을 덮도록 한다.

> 팁은 45° 각도로 부착해야 밀착력이 좋고 자연스럽게 연결된다.

✦✦ 58

베이스 코트와 탑 코트의 주된 기능에 대한 설명으로 가장 거리가 먼 것은?

① 베이스 코트는 손톱에 색소가 착색되는 것을 방지한다.
② 베이스 코트는 폴리시가 곱게 발리는 것을 도와준다.
③ 탑 코트는 폴리시에 광택을 더하여 컬러를 돋보이게 한다.
④ 탑 코트는 손톱에 영양을 주어 손톱을 튼튼하게 해준다.

> 탑 코트는 보호와 광택 기능을 하며, 영양 공급 기능은 없다.

✦✦ 59

습식 매니큐어 작업 과정에서 가장 먼저 해야 할 절차는?

① 컬러 지우기
② 손톱 모양 만들기
③ 손 소독하기
④ 핑거볼에 손 담그기

> 모든 네일 작업은 손 소독으로 시작하여 위생을 확보하는 것이 기본이다.

✦✦ 60

아크릴 프렌치 스컬프처 시술 시 형성되는 스마일 라인의 설명으로 틀린 것은?

① 선명한 라인 형성
② 일자 라인 형성
③ 균일한 라인 형성
④ 좌우 라인 대칭

> 스마일 라인은 곡선 형태로 형성되어야 하며, 일자 라인은 잘못된 방식이다.

Chapter 07

제7회 CBT 기출복원문제

01

다음 중 제2급 감염병이 아닌 것은?

① 홍역
② 성홍열
③ 폴리오
④ 디프테리아

> 디프테리아는 제1급 감염병에 해당하며, 제2급 감염병이 아니다.

02

다음 5대 영양소 중 신체의 생리기능 조절에 주로 작용하는 것은?

① 단백질, 지방
② 비타민, 무기질
③ 지방, 비타민
④ 탄수화물, 무기질

> 비타민과 무기질은 생리기능 조절에 관여하는 영양소이다.

03

다음 중 감염병이 아닌 것은?

① 폴리오
② 풍진
③ 성병
④ 당뇨병

> 당뇨병은 비감염성 질환이며, 나머지는 감염병에 해당한다.

04

다음 중 실내공기 오염의 지표로 널리 사용되는 것은?

① CO_2
② CO
③ Ne
④ NO

> 이산화탄소(CO_2)는 실내공기 오염의 대표적인 지표로 사용된다.

05

보건행정의 특성과 거리가 먼 것은?

① 공공성과 사회성
② 과학성과 기술성
③ 조장성과 교육
④ 독립성과 독창성

> 보건행정은 협력과 통합이 중요한 분야로, 독립성과 독창성은 관련성이 낮다.

06

출생 시 모체로부터 받는 면역은?

① 인공능동면역
② 인공수동면역
③ 자연능동면역
④ 자연수동면역

> 자연수동면역은 태아가 태반을 통해 모체로부터 항체를 받는 면역이다.

07

오늘날 인류의 생존을 위협하는 대표적인 3요소는?

① 인구 - 환경오염 - 교통문제
② 인구 - 환경오염 - 인간관계
③ 인구 - 환경오염 - 빈곤
④ 인구 - 환경오염 - 전쟁

> 인구 증가, 환경오염, 빈곤은 현대 인류의 주요 생존 위협 요소이다.

08

다음 중 이학적(물리적) 소독법에 속하는 것은?

① 크레졸 소독
② 생석회 소독
③ 열탕 소독
④ 포르말린 소독

> 열탕 소독은 물리적 소독법이며, 나머지 보기는 화학적 소독법이다.

09

다음 중 살균효과가 가장 높은 소독 방법은?

① 염소소독
② 일광소독
③ 저온소독
④ 고압증기멸균

> 고압증기멸균은 가장 강력한 살균력을 가진 소독 방법이다.

10

이·미용 작업 시 시술자의 손 소독 방법으로 가장 거리가 먼 것은?

① 흐르는 물에 비누로 깨끗이 씻는다.
② 락스액에 충분히 담갔다가 깨끗이 헹군다.
③ 시술 전 70% 농도의 알코올을 적신 솜으로 깨끗이 씻는다.
④ 세척액을 넣은 미온수와 솔을 이용하여 깨끗하게 닦는다.

> 락스는 피부에 자극이 강해 손 소독제로 사용하기에 부적절하다.

11

소독용 과산화수소(H_2O_2) 수용액의 적당한 농도는?

① 2.5~3.5%
② 3.5~5.0%
③ 5.0~6.0%
④ 6.5~7.5%

> 과산화수소는 일반적으로 2.5~3.5% 농도로 소독에 사용된다.

12

세균의 단백질 변성과 응고작용에 의한 기전을 이용하여 살균하고자 할 때 주로 이용하는 방법은?

① 가열
② 희석
③ 냉각
④ 여과

> 가열은 단백질을 변성·응고시켜 세균을 사멸시키는 대표적인 물리적 소독법이다.

13

이·미용실의 기구(가위, 레이저) 소독으로 가장 적합한 소독제는?

① 70~80%의 알코올
② 100~200배 희석 역성비누
③ 5% 크레졸비누액
④ 50%의 페놀액

> 알코올은 금속기구 소독에 적합하며, 빠르게 증발해 잔류물이 남지 않는다.

14

살균작용의 기전 중 산화에 의하지 않는 소독제는?

① 오존
② 알코올
③ 과망간산칼륨
④ 과산화수소

> 알코올은 단백질 변성 작용을 통해 살균하며, 산화작용은 하지 않는다.

15

흡연이 인체에 미치는 영향에 대한 설명으로 적절하지 않은 것은?

① 간접흡연은 인체에 해롭지 않다.
② 흡연은 암을 유발할 수 있다.
③ 흡연은 피부의 표피를 얇아지게 해서 피부의 잔주름 생성을 증가시킨다.
④ 흡연은 비타민 C를 파괴한다.

> 간접흡연은 인체에 해롭고, 특히 어린이나 노약자에게 더 위험할 수 있다.

16

피부 관리가 가능한 여드름의 단계로 가장 적절한 것은?

① 결정
② 구진
③ 흰면포
④ 농포

> 흰면포는 초기 여드름 단계로, 피부관리로 개선이 가능한 상태이다.

17

다음 중 체모의 색상을 좌우하는 멜라닌이 가장 많이 함유되어 있는 곳은?

① 모표피
② 모피질
③ 모수질
④ 모유두

> 모피질은 모발의 색을 결정하는 멜라닌 색소가 가장 많이 분포된 부위이다.

18

다음에서 설명하는 피부병변은?

> 자연적으로 사라질 수도 있으나, 작은 흰색 알갱이처럼 나타나는 피부병변으로, 피지선의 막힘으로 발생한다.

① 매상 혈관종
② 비립종
③ 섬망성 혈관종
④ 섬유종

> 비립종은 작은 흰색 알갱이처럼 나타나는 피부병변으로, 피지선의 막힘으로 발생한다.

19

피부 상피세포 조직의 성장과 유지 및 점막 손상 방지에 필수적인 비타민은?

① 비타민 A
② 비타민 B
③ 비타민 E
④ 비타민 K

> 비타민 A는 상피세포의 성장과 점막 유지에 필수적인 영양소이다.

20

다한증과 관련한 설명으로 가장 거리가 먼 것은?

① 더위에 견디기 어렵다.
② 땀이 지나치게 많이 분비된다.
③ 스트레스가 악화요인이 될 수 있다.
④ 손바닥 다한증은 악수 등의 일상생활에서 불편함을 초래한다.

> 다한증은 체온 조절과 직접적인 관련은 없으며, 더위에 견디기 어려운 증상은 아니다.

21

인체에 있어 피지선이 존재하지 않는 곳은?

① 이마
② 코
③ 귀
④ 손바닥

> 손바닥과 발바닥에는 피지선이 존재하지 않으며, 땀샘만 분포되어 있다.

22

이·미용업 영업자가 시설 및 설비기준을 위반한 경우 1차 위반에 대한 행정처분 기준은?

① 경고
② 개선명령
③ 영업정지 5일
④ 영업정지 10일

> 시설 및 설비기준 1차 위반 시 개선명령이 내려진다.

23

공중위생감시원의 업무에 해당하지 않는 것은?

① 공중위생영업 신고 시 시설 및 설비의 확인에 관한 사항
② 공중위생영업자 준수사항 이행 여부의 확인에 관한 사항
③ 위생지도 및 개선명령 이행 여부의 확인에 관한 사항
④ 세금납부 걱정 여부의 확인에 관한 사항

> 세금납부는 공중위생감시원의 업무와 관련이 없다.

24

법에 따라 이·미용업 영업소 안에 게시하여야 하는 게시물에 해당하지 않는 것은?

① 이·미용업 신고증
② 개설자의 면허증 원본
③ 최종 지불 요금표
④ 이·미용사 국가기술자격증

> 자격증은 게시 의무가 없으며, 신고증과 면허증, 요금표는 반드시 게시해야 한다.

★★ 25

과태료 처분에 불복이 있는 자는 그 처분의 고지를 받은 날부터 며칠 이내에 처분권자에게 이의를 제기할 수 있는가?

① 7일 이내
② 10일 이내
③ 15일 이내
④ 30일 이내

> 과태료 처분에 불복할 경우 30일 이내에 이의 제기를 할 수 있다.

★★ 26

이 · 미용업 위생교육에 관한 내용이 맞는 것은?

① 위생교육 대상자는 이 · 미용업 영업자이다.
② 이 · 미용사의 면허를 받은 사람은 모두 위생교육을 받아야 한다.
③ 위생교육은 시 · 군 · 구청장이 실시한다.
④ 위생교육 시간은 매년 4시간으로 한다.

> 위생교육은 영업자에게만 해당되며, 교육은 보건소 또는 위탁기관에서 실시한다.

★★★ 27

이 · 미용사의 면허를 받을 수 없는 자는?

① 전문대학에서 이용 또는 미용에 관한 학과를 졸업한 자
② 교육부장관이 인정하는 이 · 미용 고등학교에서 이용 또는 미용에 관한 학과를 졸업한 자
③ 교육부장관이 인정하는 고등기술학교에서 6개월 과정의 이용 또는 미용에 관한 소정의 과정을 이수한 자
④ 국가기술자격법에 의한 이 · 미용사의 자격을 취득한 자

> 고등기술학교의 6개월 과정은 면허 요건에 해당하지 않는다.

★★ 28

영업정지 처분을 받고 그 영업정지 기간 중 영업을 한 때, 1차 위반 시 행정처분 기준은?

① 경고 또는 개선명령
② 영업정지 1월
③ 영업장 폐쇄명령
④ 영업정지 2월

> 영업정지 기간 중 영업을 하면 1차 위반이라도 영업장 폐쇄명령이 내려진다.

★★ 29

다음 중 립스틱의 성분으로 가장 거리가 먼 것은?

① 색소
② 라놀린
③ 알란토인
④ 알코올

> 알코올은 휘발성이 강해 립스틱 성분으로는 적합하지 않다.

★ 30

화장품 제조와 판매 시 품질의 특성으로 틀린 것은?

① 효과성
② 유효성
③ 안정성
④ 안전성

> 효과성은 의약품의 개념이며, 화장품은 유효성과 안전성이 중요하다.

31

다음에서 설명하는 것은?

① 코엔자임Q10
② **레티놀**
③ 알부틴
④ 세라마이트

> 레티놀은 비타민 A 유도체로, 피부 재생과 주름 개선에 효과적인 성분이다.

32

화장품의 사용목적과 가장 거리가 먼 것은?

① 인체를 청결, 미화하기 위하여 사용한다.
② 용모를 변화시키기 위하여 사용한다.
③ 피부, 모발의 건강을 유지하기 위하여 사용한다.
④ **인체에 대한 약리적인 효과를 주기 위해 사용한다.**

> 약리적 효과는 의약품의 영역이며, 화장품은 미용과 청결 목적에 사용된다.

33

향수의 구비 요건으로 가장 거리가 먼 것은?

① 향에 특징이 있어야 한다.
② 향은 적당히 강하고 지속성이 좋아야 한다.
③ **향은 확산성이 낮아야 한다.**
④ 시대성에 부합되는 향이어야 한다.

> 향수는 확산성이 높아야 향이 퍼지고 지속되므로 틀린 설명이다.

34

계면활성제에 대한 설명으로 옳은 것은?

① 계면활성제는 일반적으로 둥근 머리모양의 소수성기와 막대꼬리모양의 친수성기를 가진다.
② 계면활성제의 피부에 대한 자극은 양쪽성 > 양이온성 > 음이온성 > 비이온성의 순으로 감소한다.
③ **비이온성 계면활성제는 피부에 대한 안전성이 높고 유화력이 우수하여 에멀전의 유화제로 사용된다.**
④ 양이온성 계면활성제는 세정작용이 우수하여 비누, 샴푸 등에 사용된다.

> 비이온성 계면활성제는 자극이 적고 유화력이 좋아 화장품에 널리 사용된다.

35

자외선 차단제의 올바른 사용법은?

① 자외선 차단제는 아침에 한 번만 바르는 것이 중요하다.
② **자외선 차단제는 도포 후 시간이 경과되면 덧바르는 것이 좋다.**
③ 자외선 차단제는 피부에 자극이 되므로 되도록 사용하지 않는다.
④ 자외선 차단제는 자외선이 강한 여름에만 사용하면 된다.

> 자외선 차단제는 일정 시간마다 덧발라야 효과가 지속되며, 계절과 관계없이 사용해야 한다.

36

마누스(Manus)와 큐라(Cura)라는 단어에서 유래된 용어는?

① 네일 팁(Nail Tip)
② 매니큐어(Manicure)
③ 페디큐어(Pedicure)
④ 아크릴(Acrylic)

> 매니큐어는 라틴어로 마누스(손)와 큐라(관리)에서 유래된 용어이다.

37

각 나라 네일 미용 역사의 설명으로 틀리게 연결된 것은?

① 그리스, 로마 - 네일 관리로써 '마누스큐라' 라는 단어가 시작되었다.
② 미국 - 노크 행위는 예의에 어긋난 행동으로 여겨 손톱을 길게 길러 문을 긁도록 하였다.
③ 인도 - 상류 여성들은 손톱의 뿌리 부분에 문신 바늘로 색소를 주입하여 상류층임을 과시하였다.
④ 중국 - 특권층의 신분을 드러내기 위해 '홍화'의 재배가 유행하였고, 손톱에도 바르며 이를 '조홍'이라 하였다.

> 미국의 손톱으로 문을 긁는 문화는 사실이 아니므로 틀린 설명이다.

38

네일미용 작업 시 실내 공기 환기 방법으로 틀린 것은?

① 작업장 내에 설치된 커튼은 장기적으로 관리한다.
② 자연환기와 신선한 공기의 유입을 고려하여 창문을 설치한다.
③ 공기보다 무거운 성분이 있으므로 환기구를 아래쪽에도 설치한다.
④ 겨울과 여름에는 냉·난방을 고려하여 공기청정기를 준비한다.

> 커튼은 먼지와 오염물질이 쌓이기 쉬워 장기적 관리보다는 자주 교체해야 한다.

39

손, 발톱 함유량이 가장 높은 성분은?

① 칼슘
② 철분
③ 케라틴
④ 콜라겐

> 손톱과 발톱은 케라틴이라는 단백질로 구성되어 있으며, 가장 높은 함유량을 차지한다.

40
★★★

네일 기본 관리 작업과정으로 옳은 것은?

① 손 소독 → 프리에지 모양 만들기 → 네일 폴리시 제거 → 큐티클 정리하기 → 컬러 도포하기 → 마무리하기

② 손 소독 → 네일 폴리시 제거 → 프리에지 모양 만들기 → 큐티클 정리하기 → 컬러 도포하기 → 마무리하기

③ 손 소독 → 프리에지 모양 만들기 → 큐티클 정리하기 → 네일 폴리시 제거 → 컬러 도포하기 → 마무리하기

④ 프리에지 모양 만들기 → 네일 폴리시 제거 → 마무리하기 → 손 소독

> 네일 기본 관리 순서: 손 소독 → 폴리시 제거 → 모양 만들기 → 큐티클 정리 → 컬러 도포 → 마무리

41
★★

손의 근육과 가장 거리가 먼 것은?

① 벌림근(외전근)
② 모음근(내전근)
③ 맞섬근(대립근)
④ 엎침근(회내근)

> 엎침근은 팔의 회전과 관련된 근육으로, 손의 근육에는 포함되지 않는다.

42
★★

매니큐어 작업 시 알코올 소독 용기에 담가 소독하는 기구로 적절하지 못한 것은?

① 네일 파일
② 네일 클리퍼
③ 오렌지 우드스틱
④ 네일 더스트 브러시

> 네일 파일은 표면이 거칠고 흡수성이 있어 알코올 소독에 적합하지 않다.

43
★★

네일숍에서의 감염 예방 방법으로 가장 거리가 먼 것은?

① 작업 장소에서 음식을 먹을 때는 환기에 유의해야 한다.
② 네일 서비스를 할 때는 상처를 내지 않도록 항상 조심해야 한다.
③ 감기 등 감염 가능성이 있거나 감염이 된 상태에서는 시술하지 않는다.
④ 작업 전, 후에는 70% 알코올이나 소독용액으로 작업자와 고객의 손을 닦는다.

> 작업 장소에서 음식 섭취는 감염 위험이 있어 금지되어야 하며, 환기만으로는 충분하지 않다.

44
★★★

손 근육의 역할에 대한 설명으로 틀린 것은?

① 물건을 잡는 역할을 한다.
② 손으로 세밀하고 복잡한 작업을 한다.
③ 손가락을 벌리거나 모으는 역할을 한다.
④ 자세를 유지하기 위해 지지대 역할을 한다.

> 손은 지지대 역할보다는 정밀한 움직임과 작업 기능을 수행한다.

45

잘못된 습관으로 손톱을 물어뜯어 손톱이 자라지 못하는 증상은?

① 교조증(Onychophagy)
② 조갑비대증(Onychauxis)
③ 조갑위축증(Onychatrophy)
④ 조내생증(Onychocryptosis)

> 교조증은 손톱을 물어뜯는 습관으로 인해 손톱이 손상되고 자라지 못하는 증상이다.

46

건강한 손톱에 대한 조건으로 틀린 것은?

① 반투명하며 아치형을 이루고 있어야 한다.
② 반월(루눌라)이 크고 두께가 두꺼워야 한다.
③ 표면에 굴곡이 없고 매끈하며 윤기가 나야 한다.
④ 단단하고 탄력 있어야 하며 끝이 갈라지지 않아야 한다.

> 반월의 크기나 두께는 건강의 절대 기준이 아니며, 사람마다 다르다.

47

네일 기기 및 도구류의 위생관리로 틀린 것은?

① 타월은 1회 사용 후 세탁·소독한다.
② 소독 및 세제용 화학제품은 서늘한 곳에 밀폐 보관한다.
③ 큐티클 니퍼 및 네일 푸셔는 자외선 소독기에 소독할 수 없다.
④ 모든 도구는 70% 알코올을 이용하며 20분 동안 담근 후 건조시켜 사용한다.

> 큐티클 니퍼와 푸셔는 자외선 소독기로도 소독 가능하므로 틀린 설명이다.

48

네일숍 고객관리 방법으로 틀린 것은?

① 고객의 질문에 경청하며 성의 있게 대답한다.
② 고객의 잘못된 관리방법을 제품판매로 연결한다.
③ 고객의 대화를 바탕으로 고객 요구사항을 파악한다.
④ 고객의 직무와 취향 등을 파악하여 관리방법을 제시한다.

> 제품 판매를 목적으로 고객의 잘못된 습관을 이용하는 것은 바람직하지 않다.

49

손가락 뼈의 기능으로 틀린 것은?

① 지지기능
② 흡수기능
③ 보호작용
④ 운동기능

> 흡수기능은 손가락 뼈의 기능이 아니며, 주로 지지·운동·보호 기능을 수행한다.

50

네일서비스 고객관리카드에 기재하지 않아도 되는 것은?

① 예약 가능한 날짜와 시간
② 손톱의 상태와 선호하는 색상
③ 은행 계좌정보와 고객의 월수입
④ 고객의 기본인적 사항

> 고객관리카드에는 개인 금융정보를 기재하지 않으며, 서비스와 관련된 정보만 기록한다.

51

✶

큐티클 정리 시 유의사항으로 가장 적합한 것은?

① 큐티클 푸셔는 90°의 각도를 유지해 준다.
② 에포니키움의 밑 부분까지 깨끗하게 정리한다.
③ **큐티클은 외관상 지저분한 부분만을 정리한다.**
④ 에포니키움과 큐티클 부분은 힘을 주어 밀어준다.

> 큐티클은 손상되지 않도록 눈에 띄는 부분만 부드럽게 정리해야 한다.

52

✶✶

UV젤 스컬프쳐 보수 방법으로 가장 적합하지 않은 것은?

① UV젤과 자연 네일의 경계 부분을 파일링 한다.
② **투웨이 젤을 이용하여 두께를 만들고 큐어링 한다.**
③ 파일링 시 너무 부드럽지 않은 파일을 사용한다.
④ 거친 네일 표면 위에 UV젤 탑 코트를 바른다.

> 투웨이 젤은 보수용으로 적합하지 않으며, 구조적 안정성이 떨어질 수 있다.

53

✶✶

네일 팁의 사용과 관련하여 가장 적합한 것은?

① 팁 접착부분에 공기가 들어갈수록 손톱의 손상을 줄일 수 있다.
② 팁을 부착할 시 유지력을 높이기 위해 모든 네일에 하프웰 팁을 적용한다.
③ 팁을 부착할 시 네일 팁이 자연 손톱의 1/2 이상 덮어야 유지력을 높이는 기준이다.
④ **팁을 선택할 때에는 자연 손톱의 사이즈와 동일하거나 한 사이즈 큰 것을 선택한다.**

> 팁은 자연 손톱보다 약간 큰 사이즈를 선택해야 밀착력이 좋고 손상을 줄일 수 있다.

54

✶✶

내추럴 프렌치 스컬프쳐의 설명으로 틀린 것은?

① 자연스러운 스마일 라인을 형성한다.
② 네일 프리에지가 내추럴 파우더로 조형된다.
③ **네일 바디 전체가 내추럴 파우더로 오버레이 된다.**
④ 네일 베드는 핑크 파우더 또는 클리어 파우더로 작업한다.

> 네일 바디 전체를 내추럴 파우더로 오버레이하지 않으며, 베드와 프리에지를 구분하여 작업한다.

55

✶✶

손톱에 네일 폴리시가 착색 되었을 때 착색을 제거하는 제품은?

① 네일 화이트너
② **네일 표백제**
③ 네일 보강제
④ 폴리시 리무버

> 네일 표백제는 착색된 손톱을 밝게 해주는 제품이다.

56

✶✶✶

자외선램프 기기에 조사해야만 경화되는 네일 재료는?

① 아크릴릭 모노머
② 아크릴릭 폴리머
③ 아크릴릭 올리고머
④ **UV젤**

> UV젤은 자외선램프에 조사되어야만 경화되는 젤 타입이다.

★★★
57

새로 성장한 손톱과 아크릴 네일 사이의 공간을 보수하는 방법으로 옳은 것은?

① 들뜬 부분은 니퍼나 다른 도구를 이용하여 강하게 뜯어낸다.
② 손톱과 아크릴 네일 사이의 턱을 거친 파일로 강하게 파일링 한다.
③ 아크릴 네일 보수 시 프라이머를 손톱과 인조 네일 전체에 바른다.
④ 들뜬 부분을 파일로 갈아내고 손톱 표면에 프라이머를 바른 후 아크릴 화장물을 올려준다.

> 들뜬 부분은 부드럽게 제거하고 프라이머를 바른 후 보수하는 것이 올바른 방법이다.

★★
58

매니큐어 과정으로 (   ) 안에 들어갈 가장 적합한 작업과정은?

> 손 소독하기(수험자+모델) → 네일 폴리시 제거하기 → (   ) → 샌딩하기 → 큐티클 연화시키기(핑거볼에 손 담그기) → 손가락 물기 말리기 → 큐티클 리무버 바르기 → 큐티클 밀어올리기 → 큐티클 잘라내기 → 소독제 분무하기(모델 큐티클 부위) → 유분기 제거하기 → 컬러링하기

④ 손톱 모양 만들기
② 큐티클 오일 바르기
③ 거스러미 제거하기
④ 네일 표백하기

> 매니큐어 과정의 첫 단계는 손톱 모양을 만드는 작업이다.

★
59

네일 폴리시 작업 방법으로 가장 적합한 것은?

① 네일 폴리시는 1회 도포가 이상적이다.
② 네일 폴리시를 섞을 때는 위, 아래로 흔들어준다.
③ 네일 폴리시가 굳었을 때는 네일 리무버를 혼합한다.
④ 네일 폴리시는 손톱 가장자리 피부에 최대한 가깝게 도포한다.

> 네일 폴리시는 큐티클에 닿지 않도록 가장자리 피부에 최대한 가깝게 도포해야 깔끔한 마무리가 된다.

★★
60

매니큐어와 관련한 설명으로 틀린 것은?

① 일반 매니큐어와 파라핀 매니큐어는 함께 병행할 수 없다.
② 큐티클 니퍼와 네일 푸셔는 하루에 한번 오전에 소독해서 사용한다.
③ 손톱의 파일링은 한 방향으로 해야 자연 네일의 손상을 줄일 수 있다.
④ 과도한 큐티클 정리는 고객에게 통증을 유발하거나 출혈이 발생하므로 주의한다.

> 도구는 하루 한 번이 아니라 매 시술마다 소독해야 하며, 위생 관리가 중요하다.

제8회 CBT 기출복원문제

01

다음 중 감염병 유행의 3대 요소는?

① 병원체, 숙주, 환경
② 환경, 유전, 병원체
③ 숙주, 유전, 환경
④ 감수성, 환경, 병원체

> 감염병 유행 요소는 질병 발생 요인과 동일한 의미로, 병인(감염원), 환경(감염경로), 숙주(모든 면역성과 감수성)를 나타낸다.

02

일반적으로 이·미용업소의 실내 쾌적 습도 범위로 가장 알맞은 것은?

① 10~20%
② 20~40%
③ 40~70%
④ 70~90%

> 일반적으로 이·미용업소의 실내 쾌적 습도는 40~70%이다.

03

자력으로 의료문제를 해결할 수 없는 생활 무능력자 및 저소득층을 대상으로 공적 의료를 보장하는 제도는?

① 의료보험
② 의료보호
③ 실업보험
④ 연금보험

> 의료보호는 개인적인 보험료 납부가 없으며, 병원 이용 비용의 전액 또는 일부를 국가와 지방 정부가 담당하는 제도이다.

04

공중보건의 범위 중 보건관리 분야에 속하지 않는 사업은?

① 보건통계
② 사회보장제도
③ 보건행정
④ 산업보건

> 공중보건의 범위는 환경보건, 질병관리, 보건관리 등 3가지 분야로 연구되고 있다. 산업보건은 환경보건 분야 중 일부이다.

05

다음 중 수인성 감염병에 속하는 것은?

① 유행성 출혈열
② 성홍열
③ 세균성 이질
④ 탄저병

> 수인성(소화기계) 전염병으로는 세균성 이질, 장티푸스, 파라티푸스, 콜레라, 유행성 간염, 파상열, 폴리오 등이 있다.

06 ✦

인공조명을 할 때 고려사항 중 틀린 것은?

① 광색은 주광색에 가깝고, 유해 가스의 발생이 없어야 한다.
② 열의 발생이 적고, 폭발이나 발화의 위험이 없어야 한다.
③ 균등한 조도를 위해 직접조명이 되도록 해야 한다.
④ 충분한 조도를 위해 빛이 좌상방에서 비쳐야 한다.

균등한 조도와 시력 보호를 위해 간접조명이 되도록 해야 한다.

07 ✦✦

개달전염(介達傳染)과 무관한 것은?

① 의복
② 식품
③ 책상
④ 장난감

개달전염은 오염물질이 감염원으로부터 시간적·거리적으로 상당히 떨어진 곳에서 감염된다. 주로 인쇄물, 의류, 서적, 수건 등의 개달물에 의해 감염된다.

08 ✦✦

외인성 피부질한의 원인과 가장 거리가 먼 것은?

① 유전인자
② 산화
③ 피부건조
④ 자외선

유전인자는 내인성 피부질환과 관련된다.

09 ✦✦

물의 살균에 많이 이용되고 있으며 산화력이 강한 것은?

① 포름알데히드(Formaldehyde)
② 오존(O₃)
③ EO(Ethylene Oxide) 가스
④ 에탄올(Ethanol)

오존(O_3)은 무미, 무취, 무색의 기체로 산화력이 강하다. 세균, 바이러스를 사멸시키며 강한 표백작용을 한다.

10 ✦

소독제를 수돗물로 희석하여 사용할 경우 가장 주의해야 할 점은?

① 물의 경도
② 물의 온도
③ 물의 취도
④ 물의 탁도

수돗물은 연수로 정수(살균, 소독, 침전, 정화 등)되어 있기 때문에 경도와는 관련이 없다. 그러나 센 물(우물물, 지하수). 즉 경수일 때는 소독제와 희석할 경우 불활성 침전이 생길 수 있다.

11 ✦✦

소독제를 사용할 때 주의사항이 아닌 것은?

① 취급 방법
② 농도 표시
③ 소독제병의 세균 오염
④ 알코올 사용

소독제를 사용할 때는 취급 방법, 농도 표시, 소독제병의 세균 오염 등에 주의해야 한다.

★★★
12

다음 중 금속제품 기구 소독에 가장 적합하지 않은 것은?

① 알코올
② 역성비누
③ **승홍수**
④ 크레졸수

> 승홍수는 살균력이 강하지만, 맹독성이므로 금속을 부식시키는 단점이 있다.

★★★
13

다음 중 하수도 주위에 흔히 사용되는 소독제는?

① **생석회**
② 포르말린
③ 역성비누
④ 과망간산칼륨

> 생석회는 물을 가했을 때(소석회) 발생기 산소에 의해 소독작용을 한다. 값이 싸고 탈취력이 있어 분변 하수, 오수, 토사물 등의 소독에 좋다.

★★
14

솔라닌(Solanine)의 원인이 되는 식중독과 관계 깊은 것은?

① 버섯
② 복어
③ **감자**
④ 조개

> ③ 감자: 솔라닌
> ① 버섯: 무스카린, ② 복어: 테트로도톡신, ④ 조개: 삭시톡신, 베네루핀

★★
15

피부구조에서 지방세포가 주로 위치하고 있는 곳은?

① 각질층
② 진피
③ **피하조직**
④ 투명층

> 지방세포는 주로 피하조직에 있다.

★
16

다음 중 기미의 생성 유발 요인이 아닌 것은?

① 유전적 요인
② 임신
③ 갱년기 장애
④ **갑상선 기능 저하**

> 기미는 유전적 요인, 임신, 갱년기 장애, 자외선 등에 의해 생성된다.

★★
17

미생물의 발육과 그 작용을 제거하거나 정지시켜 음식물의 부패나 발효를 방지하는 것은?

① **방부**
② 소독
③ 살균
④ 살충

> • 소독: 사람에게 유해한 미생물을 파괴해 감염의 위험을 제거하지만 세균의 포자에는 작용하지 못한다.
> • 살균: 미생물을 여러 가지 물리 화학적 작용을 통해 급속하게 죽이는 것을 말한다.
> • 살충: 농작물, 가축, 인체에 해로운 벌레를 죽이거나 없애는 것을 말한다.

18

다음 중 원발진에 해당하는 피부변화는?

① 가피
② 미란
③ 위축
④ 구진

> 가피, 미란, 위축은 속발진에 해당된다.

19

자외선으로부터 어느 정도 피부를 보호하며, 진피조직에 투여 시 피부 주름과 처짐 현상에 가장 효과적인 것은?

① 콜라겐
② 엘라스틴
③ 무코다당류
④ 멜라닌

> 콜라겐(교원섬유)은 강력한 견인력과 함께 피부 주름을 예방하는 수분 보유원의 역할을 힌다.

20

정상 피부와 비교하여 점막으로 이루어진 피부의 특징으로 옳지 않은 것은?

① 혀와 경구개를 제외한 입안의 점막은 과립층을 가지고 있다.
② 당김미세섬유사(Tonofilament)의 발달이 미약하다.
③ 미세융기가 잘 발달되어 있다.
④ 세포에 다량의 글리코겐이 존재한다.

> 구강점막에는 과립층이 없다.

21

성장기 어린이의 대사성 질환으로 비타민 D 결핍 시 뼈 발육에 변형을 일으키는 것은?

① 석회결석
② 골막파열중
③ 괴혈증
④ 구루병

> 비타민 D 결핍 시 구루병과 골연화증이 생긴다.

22

시 · 도지사 또는 시장 · 군수 · 구청장은 공중위생관리상 필요하다고 인정하는 때에 공중위생영업자 등에 대하여 필요한 조치를 취할 수 있다. 이 조치에 해당하는 것은?

① 보고
② 청문
③ 감독
④ 협의

> 보고 및 출입 · 검사(제9조 제1항) 권한자는 시 · 도지사(또는 시장 · 군수 · 구청장)이다.

23

법령상 위생교육에 대한 기준으로 (   ) 안에 적합한 것은?

> 공중위생관리법령상 위생교육을 받은 자가 위생교육을 받은 날부터 (   ) 이내에 위생교육을 받은 업종과 같은 업종의 영업을 하려는 경우에는 해당 영업에 대한 위생교육을 받은 것으로 본다.

① 2년
② 2년 6월
③ 3년
④ 3년 6월

> 위생교육을 받은 자가 위생교육을 받은 날부터 2년 이내에 위생교육을 받는 업종과 같은 업종의 영업을 하려는 경우 해당 영업에 대한 위생교육을 받은 것으로 본다.

24

미용사에게 금지되지 않는 업무는 무엇인가?

① 얼굴의 손질 화장을 행하는 업무
② 의료기기를 사용하는 피부관리 업무
③ 의약품을 사용하는 눈썹손질 업무
④ 의약품을 사용하는 제모

> 미용사는 의료기기 또는 의약품을 사용하여 업무를 할 수 없다.

25

다음 중 이·미용업에 있어서 과태료 부과대상이 아닌 사람은?

① 위생관리 의무를 지키지 아니한 자
② 영업소 외의 장소에서 이용 또는 미용 업무를 행한 자
③ 보건복지부령이 정하는 중요사항을 변경하고도 변경 신고를 하지 아니한 자
④ 관계 공무원의 출입·검사를 거부·기피 방해한 자

> ①, ② 200만원 이하의 과태료를 부과한다.
> ③ 6월 이하의 징역 또는 500만원 이하의 벌금에 처한다.
> ④ 300만원 이하의 과태료를 부과한다.

26

손님에게 음란행위를 알선한 사람에 대한 관계행정기관의 장의 요청이 있는 때, 1차 위반에 대하여 행할 수 있는 행정처분으로 영업소와 업주에 대한 행정 처분기준이 바르게 짝지어진 것은?

① 영업정지 1월 - 면허정지 1월
② 영업정지 1월 - 면허정지 2월
③ 영업정지 3월 - 면허정지 3월
④ 영업정지 3월 - 면허정지 5월

> 영업소는 영업정지 3월, 미용사(업주)는 면허정지 3월을 받는다.

27

이·미용업 영업장 안의 조명도 기준은?

① 50럭스 이상
② 75럭스 이상
③ 100럭스 이상
④ 125럭스 이상

> 영업장 안의 조명도는 75럭스 이상 유지되도록 한다.

✦✦ 28

이·미용업 영업신고를 하면서 신고인이 확인에 동의하지 아니하는 때에 첨부하여야 하는 서류가 아닌 것은? (단, 신고인이 전자정부 법에 따른 행정정보의 공동이용을 통한 확인에 동의하지 아니하는 경우임)

① 영업시설 및 설비 개요서
② 교육필증
③ 이·미용사 자격증
④ 면허증

이·미용사 자격증은 실기교사 또는 이·미용 교육을 하기 위한 증명서이다.

✦ 29

동물성 단백질의 일종으로 피부의 탄력 유지에 매우 중요한 역할을 하며 피부의 파열을 방지하는 스프링 역할을 하는 것은?

① 아줄렌
② 엘라스틴
③ 콜라겐
④ DNA

① 항염증작용 및 진정효과가 있다.
③ 피부의 결합조직을 구성하는 역할을 한다.
④ 핵을 가지고 있으며, 세포 전체의 대사활동 조절한다.

✦✦ 30

식물의 꽃, 잎, 줄기, 뿌리, 씨. 과피, 수지 등에서 방향성이 높은 물질을 추출한 휘발성 오일은?

① 동물성 오일
② 에센셜 오일
③ 광물성 오일
④ 밍크 오일

향을 의미하는 에센셜(아로마)은 향기가 나는 식물성 향료이다.

✦ 31

화장품의 피부 흡수에 관한 설명으로 옳은 것은?

① 분자량이 적을수록 피부 흡수율이 높다.
② 수분이 많을수록 피부 흡수율이 높다.
③ 동물성 오일 < 식물성 오일 < 광물성 오일 순으로 피부 흡수력이 높다.
④ 크림류 < 로션류 < 화장수류 순으로 피부 흡수력이 높다.

피부 표피의 각질층이 라멜라층으로 되어 있어서 화장품이 대체적으로 침투하지 못하나, 모공이나 땀샘 등을 통해서 거의 흡수된다. 따라서 화장품 제조 시에는 성분을 나노 상태의 미립자로 만들어 흡수율을 높인다.

✦✦ 32

여드름 피부에 맞는 화장품 성분으로 가장 거리가 먼 것은?

① 캄퍼
② 로즈마리 추출물
③ 알부틴
④ 하마멜리스

알부틴은 미백 성분이다.

✦ 33

보습제가 갖추어야 할 조건으로 틀린 것은?

① 다른 성분과 혼용성이 좋을 것
② 모공 수축을 위해 휘발성이 있을 것
③ 적절한 보습능력이 있을 것
④ 응고점이 낮을 것

보습제는 흡착력이 높아 수분 증발을 억제해야 한다.

34

메이크업 화장품에 주로 사용되는 제조방법은?

① 유화
② 가용화
③ 겔화
④ **분산**

> 분산은 물 또는 오일 성분에 미세한 고체 입자가 계면활성제에 의해 균일하게 혼합된 상태로 립스틱, 아이새도, 마스카라, 아이라이너, 파운데이션 등에 쓰인다.

35

화장품법상 기능성 화장품에 속하지 않는 것은?

① 미백에 도움을 주는 제품
② **여드름 완화에 도움을 주는 제품**
③ 주름 개선에 도움을 주는 제품
④ 자외선으로부터 피부를 보호하는 데 도움을 주는 제품

> 기능성 화장품은 주름 개선제, 미백제, 자외선 차단제로 분류한다.

36

손톱이 나빠지는 후천적 요인이 아닌 것은?

① 잘못된 푸셔와 니퍼 사용에 의한 손상
② **손톱 강화제 사용 빈도수**
③ 과도한 스트레스
④ 잘못된 파일링에 의한 손상

> 손톱 강화제는 부러지고 약한 손톱에 견고함을 부여한다.

37

손톱의 특성이 아닌 것은?

① 손톱은 피부의 일종이며, 머리카락과 같은 케라틴과 칼슘으로 만들어져 있다.
② 손톱의 손상으로 조갑이 탈락되고 회복되는 데는 6개월 정도 걸린다.
③ 손톱의 성장은 겨울보다 여름이 잘 자란다.
④ **엄지 손톱의 성장이 가장 느리며, 중지 손톱이 가장 빠르다.**

> 새끼 손톱의 성장이 가장 느리다.

38

고객을 응대할 때 네일아티스트의 자세로 틀린 것은?

① 고객에게 알맞은 서비스를 하여야 한다.
② 모든 고객은 공평하게 하여야 한다.
③ **진상고객은 단념하여야 한다.**
④ 안전 규정을 준수하고 충실히 하여야 한다.

> 진상고객이라도 끝까지 친절하게 대한다.

39

손톱에 색소가 침착되거나 변색되는 것을 방지하고 네일 표면을 고르게 하여 폴리시의 밀착성을 높이는 데 사용되는 네일미용 화장품은?

① 톱 코트
② **베이스 코트**
③ 폴리시 리무버
④ 큐티클 오일

> ① 손톱에 광택을 부여한다.
> ③ 폴리시를 지울 때 사용한다.
> ④ 큐티클을 제거할 때 사용한다.

★★★ 40

에나멜을 바르는 방법으로 손톱을 가늘어 보이게 하는 것은?

① 프리에지
② 루눌라
③ 프렌치
④ 프리월

> 프리월은 손톱을 길고 가늘어 보이도록 하는 방법으로, 손톱 양 옆을 1.5mm 남겨놓고 바른다.

★★ 41

골격근에 대한 설명으로 틀린 것은?

① 인체의 약 60%를 차지한다.
② 횡문근이라고도 한다.
③ 수의근이라고도 한다.
④ 대부분이 골격에 부착되어 있다.

> 체중의 40~50%를 차지하는 수의근 또는 골격근은 뼈에 부착된 횡문근, 즉 뼈대 근육에 있는 섬유로 서줄무늬 근육이라고도 한다.

★★ 42

매니큐어를 가장 잘 설명한 것은?

① 네일 에나멜을 바르는 것이다.
② 손톱 모양을 다듬고 색깔을 칠하는 것이다.
③ 손 매뉴얼 테크닉과 네일 에나멜을 바르는 것이다.
④ 손톱 모양을 다듬고 큐티클 정리, 유분기 제거 등을 포함한 관리이다.

> 매니큐어는 엄밀하게 말하면 1단계인 손질(Care)과 2단계인 색조화장으로 대별된다. 여기서 말하는 매니큐어는 손과 손톱을 건강하고 아름답게 유지하기 위한 손질 과정으로서 12개의 절차로 구분된다.

★★★ 43

매니큐어의 유래에 관한 설명 중 틀린 것은?

① 중국은 특권층의 신분을 드러내기 위해 홍화를 손톱에 바르기 시작했다.
② 매니큐어는 고대 희랍어에서 유래된 말로 마누와 큐라의 합성어이다.
③ 17세기경 인도의 상류층 여성들은 손톱의 뿌리 부분에 신분을 나타내는 목적으로 문신을 했다.
④ 건강을 기원하는 주술적 의미에서 손톱에 빨간색을 물들이게 되었다.

> 매니큐어는 라틴어에서 유래된 말로, 손을 의미하는 '마누스'와 관리를 의미하는 '큐라'에서 파생되었다.

★★ 44

다음 중 하지의 신경에 속하지 않는 것은?

① 총비골신경
② 액와신경
③ 복재신경
④ 배측신경

> 액와신경은 상지신경에 속하며, 겨드랑이를 말한다.

★ 45

표피성 진균증 중 네일 몰드는 습기, 열, 공기에 의해 균이 번식되어 발생한다. 이때 몰드가 발생한 수분 함유율이 옳게 표기된 것은?

① 2~5%
② 7~10%
③ 12~18%
④ 23~25%

> 미생물은 80~90%가 수분으로 이루어져 습도가 높은 환경에서 증식한다. 곰팡이(Mold)는 생육에 필요한 수분 함유율이 세균, 효모보다 적은 23~25% 정도이다.

46 ★★

손톱의 역할 및 기능과 가장 거리가 먼 것은?

① 물건을 잡거나 성상을 구별하는 기능
② 작은 물건을 들어 올리는 기능
③ 방어와 공격의 기능
❹ 몸을 지탱해주는 기능

> 몸을 지탱하는 건 골격의 기능이다.

47 ★★★

네일 재료에 대한 설명으로 적합하지 않은 것은?

① 네일 에나멜 시너 - 에나멜을 묽게 해주기 위해 사용한다.
② 큐티클 오일 - 글리세린을 함유하고 있다.
③ 네일 블리치 - 20볼륨 과산화수소를 함유하고 있다.
❹ 네일 보강제 - 자연 네일이 강한 고객에게 사용하면 효과적이다.

> 네일 보강제 또는 강화제는 부러지고 약한 네일에 견고함을 부여하므로 자연 네일이 약한 고객에게 사용하면 효과적이다.

48 ★★

뼈의 기능이 아닌 것은?

① 지렛대 역할
❷ 흡수 기능
③ 보호 작용
④ 무기질 저장

> 뼈는 신체 내에서 보호, 조혈, 저장, 지지, 운동 기능을 한다.

49 ★★★

매니큐어 시술 시에 미관상 제거의 대상이 되는 손톱을 덮고 있는 각질세포는?

❶ 네일 큐티클(Nail Cuticle)
② 네일 플레이트(Nail Plate)
③ 네일 프리에지(Nail Free Edge)
④ 네일 그루브(Nail Groove)

> ② 네일 바디, 조체, 조갑이라고도 하며, 손톱자체를 말한다.
> ③ 조체의 외부로 향하는 잘려나가는 부분인 옐로우 라인의 가장 바깥 면을 말한다.
> ④ 조구, 조벽, 조곽이라고도 하며, 조체의 양 측면에서 패인 홈을 말한다.

50 ★★★

다음 ( ) 안의 a와 b에 알맞은 단어를 바르게 짝지은 것은?

> • (a)는 폴리시 리무버나 아세톤을 담아 펌프식으로 편리하게 사용할 수 있다.
> • (b)는 아크릴 리퀴드를 덜어 담아 사용할 수 있는 용기이다.

① a - 다크디시, b - 작은종지
② a - 디스펜서, b - 다크디시
③ a - 다크디시, b - 디스펜서
❹ a - 디스펜서, b - 디펜디시

> 디스펜서(Despenser)는 액체용액을 덜어 사용하며, 디펜디시(Dependish)는 아크릴 리퀴드 또는 파우더를 덜어 사용하는 용기이다.

144 **Part 02** 8개년 CBT 기출복원문제(2018년~2025년)

★★ 51

페디큐어 시술 과정에서 베이스 코트를 바르기 전 발가락이 서로 닿지 않게 하기 위해 사용하는 도구는?

① 엑티베이터
② 콘커터
③ 클리퍼
④ 토우 세퍼레이터

> ① 글루나 젤을 건조시켜준다.
> ② 발바닥의 굳은살 및 각질을 제거할 때 사용힌다.
> ③ 자연 네일의 길이를 자를 때 사용한다.

★★★ 52

큐티클 정리 및 제거 시 필요한 도구로 알맞은 것은?

① 파일, 톱 코트
② 라운드 패드, 니퍼
③ 샌딩블럭, 핑거볼
④ 푸셔, 니퍼

> • 푸셔 – 큐티클을 밀어올린다.
> • 니퍼 – 네일 주변 굳은살과 거스러미를 제거할 때 사용되는 가위이다.
> • 라운드 패드(다크니 패드) – 파일링 후 먼지나 조구 내의 거스러미 제거에 사용한다.
> • 샌딩블럭 – 조체면의 거칠음을 제거한다.
> • 파일 – 인조 네일의 모양 또는 길이를 변경할 때 사용한다.

★★ 53

네일 접착 방법의 설명으로 틀린 것은?

① 네일 팁 접착 시 자연 네일의 1/2 이상 덮지 않 는다.
② 올바른 각도의 팁 접착으로 공기가 들어가지 않 도록 유의한다.
③ 손톱과 네일 팁 전체에 프라이머를 도포한 후 접 착한다.
④ 네일 팁 접착할 때 5~10초 동안 누르면서 기다 린 후 팁의 양쪽 꼬리부분을 살짝 눌러준다.

> 프라이머는 자연 손톱에만 도포한다.

★★ 54

UV젤 네일 시술 시 리프팅이 일어나는 이유로 적절 하지 않은 것은?

① 네일의 유·수분기를 제거하지 않고 시술했다.
② 젤을 프리에지까지 시술하지 않았다.
③ 젤을 큐티클 라인에 닿지 않게 시술했다.
④ 큐어링 시간을 잘 지키지 않았다.

> 젤을 큐티클 라인에 닿게 시술했을 경우 리프팅의 원인이 된다.

★★ 55

습식 매니큐어 시술에 관한 설명 중 틀린 것은?

① 베이스 코트를 가능한 한 얇게 1회 전체에 바른다.
② 벗겨짐을 방지하기 위해 도포한 폴리시를 완전히 커버하여 톱 코트를 바른다.
③ 프리에지 부분까지 깔끔하게 바른다.
④ 손톱의 길이 정리는 클리퍼를 사용할 수 없다.

> 클리퍼는 자연 네일과 인조 네일의 길이를 자르는 도구이다.

★★★ 56

아크릴릭 네일의 설명으로 맞는 것은?

① 두꺼운 손톱 구조로만 완성되며 다양한 형태를 만들 수 없다.
② 투톤 스컬프처인 프렌치 스컬프처에 적용할 수 없다.
③ 물어뜯는 손톱에 사용하여서는 안된다.
④ 네일 폼을 사용하여 다양한 형태로 조형이 가능하다.

① 혼합량에 따라 네일 두께는 달라진다.
② 아크릴 오버레이 원톤 스컬프처, 프렌치 스컬프처에 모두 적용할 수 있다.
③ 아크릴 네일은 물어뜯는 손톱의 교정을 위해 시술된다.

★★★ 57

아크릴릭 스컬프처 시술 시 손톱에 부착해 길이를 연장하는 데 받침대 역할을 하는 재료로 옳은 것은?

① 네일 폼
② 리퀴드
③ 모노머
④ 아크릴 파우더

네일 폼은 아크릴릭 스컬프처 시술 시 손톱에 부착해 길이를 연장하는 데 받침대 역할을 하는 재료이다.

★★ 58

다른 모형보다 강한 느낌을 주며, 대회용으로 많이 사용되는 손톱 모양은?

① 오벌 모형
② 라운드 모형
③ 스퀘어 모형
④ 아몬드형 모형

① 손의 노출이 많은 여성에게 좋다.
② 자연스러운 모양으로 남·녀 모두에게 어울리는 타입이다.
④ 충격이 가해지면 흡수 면적이 작기 때문에 부러지기 쉬운 단점이 있다.

★ 59

발톱의 모형으로 가장 적절한 것은?

① 라운드형
② 오발형
③ 스퀘어형
④ 아몬드형

발톱은 스퀘어형이 가장 좋다.

★★ 60

아크릴릭 보수 과정 중 옳지 않은 것은?

① 심하게 들뜬 부분은 파일과 니퍼를 적절히 사용하여 세심히 잘라내고 경계가 없도록 파일링한다.
② 새로 자라난 손톱 부분에 에칭을 주고 프라이머를 바른다.
③ 적절한 양의 비드로 큐티클 부분에 자연스러운 라인을 만든다.
④ 새로 비드를 얹은 부위는 파일링이 필요하지 않다.

새로 비드를 얹은 부위는 리프팅이 발생하지 않도록 파일링을 필요로 한다.

성공은 결코 우연이 아니다. 성공은 노력, 인내, 학습, 공부, 희생,
그리고 무엇보다도 자신이 하고 있거나 배우고 있는 일에 대한 사랑이다.
(Success is no accident. It is hard work, perseverance, learning, studying, sacrifice and most of all,
love of what you are doing or learning to do.)

펠레(Pele)

PART

03

파이널 CBT
실전모의고사

파이널 CBT 실전모의고사 1회

자격종목	시험시간	문항수	점수
미용사(네일) 필기	60분	60문항	

답안표기란

01	①	②	③	④
02	①	②	③	④
03	①	②	③	④
04	①	②	③	④
05	①	②	③	④
06	①	②	③	④
07	①	②	③	④

01 ★★ 계면활성제 중 가장 살균력이 강한 것은?

① 음이온성
② 양이온성
③ 비이온성
④ 양쪽이온성

02 ★★ 결핵 예방접종으로 사용하는 것은?

① DPT
② MMR
③ PPD
④ BCG

03 ★ 세계보건기구에서 정의하는 보건행정의 범위에 해당하지 않는 것은?

① 산업행정
② 모자보건
③ 환경위생
④ 감염병 관리

04 ★★★ 물리적 소독법에 속하지 않는 것은?

① 건열 멸균법
② 고압증기 멸균법
③ 크레졸 소독법
④ 자비 소독법

05 ★★★ 한 나라의 건강수준을 다른 국가들과 비교할 수 있는 지표로 세계보건기구가 제시한 것은?

① 인구증가율, 평균수명, 비례사망지수
② 비례사망지수, 조사망율, 평균수명
③ 평균수명, 조사망율, 국민소득
④ 의료시설, 평균수명, 주거상태

06 ★★ 질병 발생의 3대 요소는?

① 숙주, 환경, 병명
② 병인, 숙주, 환경
③ 숙주, 체력, 환경
④ 감정, 체력, 숙주

07 ★ 상수(노)에서 대장균 검출의 주된 의의는?

① 소독상태가 불량하다.
② 환경위생 상태가 불량하다.
③ 오염의 지표가 된다.
④ 감염병 발생의 우려가 있다.

08 폐흡충 감염이 발생할 수 있는 경우는?

① 가지를 생식했을 때
② 우렁이를 생식했을 때
③ 은어를 생식했을 때
④ 소고기를 생식했을 때

09 미생물이 불리한 환경에서 생존하기 위해 세균이 생성하는 것은?

① 아포
② 협막
③ 세포벽
④ 점질층

10 장티푸스, 결핵, 파상풍 등의 예방접종으로 얻어지는 면역은?

① 인공능동면역
② 인공수동면역
③ 자연능동면역
④ 자연수동면역

11 다음 중 자연 네일이 매끄럽게 되도록 손톱 표면의 거칠음과 기복을 제거하는 데 사용하는 도구는?

① 100그릿 네일파일
② 에머리 보드
③ 네일 클리퍼
④ 샌딩파일

12 다음 중 손톱과 발톱을 너무 짧게 자를 경우 발생할 수 있는 것은?

① 오니코렉시스
② 오니코아트로피
③ 오니코파이마
④ 오니코크립토시스

13 다음 중 에센셜 오일의 보관 방법에 관한 내용으로 틀린 것은?

① 뚜껑을 닫아 보관해야 한다.
② 직사광선을 피하는 것이 좋다.
③ 통풍이 잘되는 곳에 보관해야 한다.
④ 투명하고 공기가 통하는 용기에 보관한다.

14 다음 중 피부 상재균 증식을 억제하고 체취를 억제하는 기능이 있는 제품은?

① 바디 샴푸
② 데오도란트
③ 샤워 코롱
④ 오데 토일렛

15 다음 중 인구 구성에서 출생률과 사망률이 모두 낮고 인구가 안정된 형태는?

① 피라미드형
② 종형
③ 항아리형
④ 별형

16 다음 중 파리가 매개할 수 있는 질병과 거리가 먼 것은?

① 아메바성 이질
② 장티푸스
③ 발진티푸스
④ 콜레라

답안표기란				
08	①	②	③	④
09	①	②	③	④
10	①	②	③	④
11	①	②	③	④
12	①	②	③	④
13	①	②	③	④
14	①	②	③	④
15	①	②	③	④
16	①	②	③	④

17 다음 중 역학에 대한 설명으로 옳은 것은?

① 인간 개인을 대상으로 질병 발생을 설명한다.
② 결과 중심으로 해석하여 예방한다.
③ 생물학과 환경적으로 이분하여 설명한다.
④ 인간 집단을 대상으로 질병 발생과 원인을 탐구한다.

18 다음 중 대장균이 사멸되지 않는 경우는?

① 고압증기 멸균
② 저온 소독
③ 방사선 멸균
④ 건열 멸균

19 다음 중 기초 화장품의 기능이 아닌 것은?

① 피부 세정
② 피부 정돈
③ 피부 보호
④ 피부결점 커버

20 다음 중 청문의 대상이 아닌 때는?

① 면허취소 처분을 하고자 하는 때
② 면허정지 처분을 하고자 하는 때
③ 영업소 폐쇄명령의 처분을 하고자 하는 때
④ 벌금으로 처벌하고자 하는 때

21 소독제의 구비조건에 해당하지 않는 것은?

① 높은 살균력을 가질 것
② 인체에 해가 없을 것
③ 저렴하고 구입과 사용이 간편할 것
④ 용해성이 낮을 것

22 피부의 미백을 돕는 데 사용되는 화장품 성분이 아닌 것은?

① 플라센타, 비타민 C
② 레몬추출물, 감초추출물
③ 코직산, 구연산
④ 캄퍼, 카모마일

23 AHA에 대한 설명으로 옳지 않은 것은?

① 물리적으로 각질을 제거하는 기능을 한다.
② 글리콜산은 사탕수수에 함유된 것으로 침투력이 좋다.
③ pH 3.5 이상에서 15% 농도가 각질 제거에 가장 효과적이다.
④ AHA보다 안정성은 떨어지나 효과가 좋은 BHA가 많이 사용된다.

24 손을 대상으로 하는 제품 중 알코올을 주 베이스로 하며, 청결 및 소독을 주된 목적으로 하는 제품은?

① 핸드워시(Hand Wash)
② 새니타이저(Sanitizer)
③ 솝(Soap)
④ 핸드크림(Hand Cream)

답안표기란				
17	①	②	③	④
18	①	②	③	④
19	①	②	③	④
20	①	②	③	④
21	①	②	③	④
22	①	②	③	④
23	①	②	③	④
24	①	②	③	④

25 라벤더 에센셜 오일의 효능에 대한 설명으로 가장 거리가 먼 것은?

① 재생 작용
② 화상 치유 작용
③ 이완 작용
④ 모유 생성 작용

26 SPF에 대한 설명으로 틀린 것은?

① Sun Protection Factor의 약자로 자외선 차단지수라 불린다.
② UV-B 방어효과를 나타내는 지수이다.
③ 오존층으로부터 자외선이 차단되는 정도를 알아보기 위한 지수이다.
④ 자외선 차단제를 바른 피부와 바르지 않은 피부의 홍반 발생 자외선량을 비교한 값이다.

27 화장품의 분류에 관한 설명 중 틀린 것은?

① 샴푸, 헤어 린스는 모발용 화장품에 속한다.
② 팩, 마사지 크림은 스페셜 화장품에 속한다.
③ 퍼퓸, 오데 코롱은 방향 화장품에 속한다.
④ 자외선 차단제나 태닝 제품은 기능성 화장품에 속하지 않는다.

28 일반적으로 많이 사용되고 있는 화장수의 알코올 함유량은?

① 70% 전후
② 10% 전후
③ 30% 전후
④ 50% 전후

29 미생물의 종류에 해당하지 않는 것은?

① 벼룩
② 효모
③ 곰팡이
④ 세균

30 재질에 관계없이 빗이나 브러시 등의 소독방법으로 가장 적합한 것은?

① 70% 알코올 솜으로 닦는다.
② 고압증기 멸균기에 넣어 소독한다.
③ 락스액에 담근 후 씻어낸다.
④ 세제를 풀어 세척한 후 자외선 소독기에 넣는다.

31 손목을 굽히고 손가락을 구부리는 데 작용하는 근육은?

① 회내근
② 회외근
③ 장근
④ 굴근

32 마누스(Manus)와 큐라(Cura)라는 말에서 유래된 용어는?

① 네일 팁(Nail Tip)
② 매니큐어(Manicure)
③ 페디큐어(Pedicure)
④ 아크릴릭(Acrylic)

답안표기란

25	① ② ③ ④
26	① ② ③ ④
27	① ② ③ ④
28	① ② ③ ④
29	① ② ③ ④
30	① ② ③ ④
31	① ② ③ ④
32	① ② ③ ④

33 린스의 기능으로 틀린 것은?

① 정전기를 방지한다.
② 모발 표면을 보호한다.
③ 자연스러운 광택을 준다.
④ 세정력이 강하다.

34 네일 역사에 대한 설명으로 잘못 연결된 것은?

① 1930년대 - 인조네일 개발
② 1950년대 - 페디큐어 등장
③ 1970년대 - 아몬드형 네일 유행
④ 1990년대 - 네일 시장의 급성장

35 에포니키움과 관련한 설명으로 틀린 것은?

① 네일 매트릭스를 보호한다.
② 에포니키움 위에는 큐티클이 존재한다.
③ 에포니키움 아래편은 끈적한 형질로 되어 있다.
④ 에포니키움의 부상은 영구적인 손상을 초래한다.

36 자율 신경에 대한 설명으로 틀린 것은?

① 복재신경 - 종아리 뒤 바깥쪽으로 내려와 발뒤꿈치의 바깥쪽 뒤에 분포
② 배측신경 - 발등에 분포
③ 요골신경 - 손등의 외측과 요골에 분포
④ 수지골신경 - 손가락에 분포

37 네일숍에서 시술이 불가능한 손톱 병변에 해당하는 것은?

① 조갑박리증(오니코리시스)
② 조갑위축증(오니케트로피아)
③ 조갑비대증(오니콕시스)
④ 조갑익상편(테리지움)

38 다음 중 손톱 밑의 구조에 포함되지 않는 것은?

① 반월(루눌라)
② 조모(매트릭스)
③ 조근(네일 루트)
④ 조상(네일 베드)

39 손톱의 구조에 대한 설명으로 가장 거리가 먼 것은?

① 네일 플레이트(조판)는 단단한 각질 구조물로 신경과 혈관이 없다.
② 네일 루트(조근)는 손톱이 자라나기 시작하는 곳이다.
③ 프리에지(자유연)는 손톱의 끝부분으로 네일 베드와 분리되어 있다.
④ 네일 베드(조상)는 네일 플레이트 위에 위치하며 손톱의 신진대사를 돕는다.

40 다음 중 고객관리카드 작성 시 기록해야 할 내용과 가장 거리가 먼 것은?

① 손발의 질병 및 이상 증상
② 시술 시 주의사항
③ 고객이 원하는 서비스의 종류 및 시술 내용
④ 고객의 학력 여부 및 가족사항

답안표기란				
33	①	②	③	④
34	①	②	③	④
35	①	②	③	④
36	①	②	③	④
37	①	②	③	④
38	①	②	③	④
39	①	②	③	④
40	①	②	③	④

41 아크릴릭 네일의 제거 방법으로 가장 적합한 것은?

① 드릴머신으로 갈아준다.
② 솜에 아세톤을 적셔 호일로 감싸 30분 정도 불린 후 오렌지 우드스틱으로 밀어서 떼어준다.
③ 100그릿 파일로 파일링하여 제거한다.
④ 솜에 알코올을 적셔 호일로 감싸 30분 정도 불린 후 오렌지 우드스틱으로 밀어서 떼어준다.

42 다음은 조갑종렬증(오니코렉시스)에 관한 설명으로 옳은 것은?

① 손톱의 색이 푸르스름하게 변하는 증상이다.
② 멜라닌 색소가 착색되어 일어나는 증상이다.
③ 손톱이 갈라지거나 부서지는 증상이다.
④ 큐티클이 과잉성장하여 네일 플레이트 위로 자라는 증상이다.

43 다음 중 네일 팁의 재질이 아닌 것은?

① 아세테이트
② 플라스틱
③ 아크릴
④ 나일론

44 건강한 네일의 조건에 대한 설명으로 틀린 것은?

① 건강한 네일은 유연하고 탄력성이 좋아서 튼튼하다.
② 건강한 네일은 네일 베드에 단단히 잘 부착되어야 한다.
③ 건강한 네일은 연한 핑크빛을 띠며 내구력이 좋아야 한다.
④ 건강한 네일은 25~30%의 수분과 10%의 유분을 함유해야 한다.

45 손과 발의 뼈 구조에 대한 설명으로 틀린 것은?

① 한 손은 손목뼈 8개, 손바닥뼈 5개, 손가락뼈 14개로 총 27개의 뼈로 구성된다.
② 한 발은 발목뼈 7개, 발바닥뼈 5개, 발가락뼈 14개로 총 26개의 뼈로 구성된다.
③ 손목뼈는 손목을 구성하는 8개의 작고 다른 뼈들이 두 줄로 위치한다.
④ 발목뼈는 몸의 무게를 지탱하는 5개의 길고 가는 뼈로 구성된다.

46 네일 큐티클에 대한 설명으로 옳지 않은 것은?

① 살아있는 각질 세포이다.
② 완전히 제거가 가능하다.
③ 네일 베드에서 자라나온다.
④ 손톱 주위를 덮고 있다.

답안표기란	
41	① ② ③ ④
42	① ② ③ ④
43	① ② ③ ④
44	① ② ③ ④
45	① ② ③ ④
46	① ② ③ ④

★★★
47 네일의 구조에서 모세혈관, 림프 및 신경조직이 있는 것은?

① 매트릭스
② 에포니키움
③ 큐티클
④ 네일 바디

★★
48 다음 중 뼈의 구조가 아닌 것은?

① 골막
② 골질
③ 골조직
④ 골수

★
49 다음 중 미백 기능과 가장 거리가 먼 것은?

① 비타민 C
② 코직산
③ 캄퍼
④ 감초

★★
50 다음 중 손의 중간근(중수근)에 속하는 것은?

① 엄지막섬근(무지대립근)
② 인지모음근(무지내전근)
③ 벌레근(중양근)
④ 작은원근(소원근)

★★
51 프렌치 컬러링에 대한 설명으로 옳은 것은?

① 옐로우 라인에 맞추어 완만한 U자 형태로 컬러링한다.
② 프리에지의 컬러링 너비는 규격화되어 있다.
③ 프리에지의 컬러링 색상은 흰색으로 규정되어 있다.
④ 프리에지 부분만을 제외하고 컬러링한다.

★★
52 아크릴릭 시술에서 핀칭(Pinching)을 하는 주된 이유는?

① 리프팅 방지에 도움이 된다.
② C커브 형성에 도움이 된다.
③ 하이 포인트 형성에 도움이 된다.
④ 에칭에 도움이 된다.

★★★
53 네일 종이 폼의 적용 설명으로 틀린 것은?

① 다양한 스컬프처 네일 시술 시 사용한다.
② 자연스러운 네일의 연장을 만들 수 있다.
③ 디자인 UV젤 팁 오버레이 시에 사용한다.
④ 일회용이며 프렌치 스컬프처에 적용한다.

답안표기란
47 ① ② ③ ④
48 ① ② ③ ④
49 ① ② ③ ④
50 ① ② ③ ④
51 ① ② ③ ④
52 ① ② ③ ④
53 ① ② ③ ④

54 페디큐어 시술 순서로 가장 적합한 것은?

① 소독하기 → 폴리시 지우기 → 발톱 모양 만들기 → 큐티클 오일 바르기 → 큐티클 정리하기
② 폴리시 지우기 → 소독하기 → 발톱 표면 정리하기 → 큐티클 오일 바르기 → 큐티클 정리하기
③ 소독하기 → 발톱 표면 정리하기 → 폴리시 지우기 → 발톱 모양 만들기 → 큐티클 정리하기
④ 폴리시 지우기 → 소독하기 → 발톱 모양 만들기 → 큐티클 오일 바르기 → 큐티클 정리하기

55 페디큐어 시술 시 굳은살을 제거하는 도구의 명칭은?

① 푸셔
② 토우 세퍼레이터
③ 콘커터
④ 클리퍼

56 푸셔로 큐티클을 밀어 올릴 때 가장 적합한 각도는?

① 15°
② 30°
③ 45°
④ 60°

57 팁 위드 랩 시술 시 사용하지 않는 재료는?

① 글루
② 드라이 실크
③ 젤 글루
④ 아크릴 파우더

58 UV젤의 특징이 아닌 것은?

① 올리고머 형태의 분자구조를 가지고 있다.
② 톱 젤의 광택은 인조 네일 중 가장 좋다.
③ 젤은 농도에 따라 물기가 약간씩 다르다.
④ UV젤은 상온에서 경화가 가능하다.

59 컬러링의 설명으로 틀린 것은?

① 베이스 코트는 폴리시의 착색을 방지한다.
② 폴리시 브러시의 각도는 90°로 잡는 것이 가장 적합하다.
③ 폴리시는 얇게 바르면 빨리 건조되고 색상이 오래 유지된다.
④ 탑 코트는 폴리시의 광택을 더해 주고 지속력을 높인다.

60 여드름을 유발하는 호르몬은?

① 인슐린
② 안드로겐
③ 에스트로겐
④ 티록신

답안표기란				
54	①	②	③	④
55	①	②	③	④
56	①	②	③	④
57	①	②	③	④
58	①	②	③	④
59	①	②	③	④
60	①	②	③	④

파이널 CBT 실전모의고사 2회

자격종목	시험시간	문항수	점수
미용사(네일) 필기	60분	60문항	

답안표기란

01	① ② ③ ④	
02	① ② ③ ④	
03	① ② ③ ④	
04	① ② ③ ④	
05	① ② ③ ④	
06	① ② ③ ④	

★★★
01 손톱의 특성에 대한 설명으로 가장 거리가 먼 것은?

① 조체는 약 5% 수분을 함유하고 있다.
② 아미노산과 시스테인이 많이 함유되어 있다.
③ 조상은 혈관에서 산소를 공급받는다.
④ 손톱은 신경, 혈관, 털이 없으며 반투명의 각질판이다.

★
02 기능성 화장품에 사용되는 원료와 그 기능의 연결이 틀린 것은?

① 비타민 C - 미백효과
② AHA - 각질 제거
③ DHA - 자외선 차단
④ 레티노이드 - 콜라겐과 엘라스틴 회복 촉진

★★
03 자연 네일을 오버레이하여 보강할 때 사용할 수 없는 재료는?

① 실크
② 아크릴
③ 젤
④ 파일

★
04 다음 중 자외선 소독기의 사용으로 소독 효과를 기대할 수 없는 경우는?

① 여러 개의 머리빗
② 날이 열린 가위
③ 염색용 볼
④ 여러 장의 겹쳐진 타월

★★★
05 손톱과 발톱을 너무 짧게 자를 경우 발생할 수 있는 것은?

① 오니코렉시스
② 오니코아트로피
③ 오니코파이마
④ 오니코크립토시스

★★★
06 페디큐어 작업과정 중 괄호에 해당하는 것은?

> 손·발 소독 – 폴리시 제거 – 길이 및 모양잡기 – ( ) – 큐티클 정리 – 각질 제거하기

① 매뉴얼 테크닉
② 페디 파일링
③ 톱 코트 바르기
④ 족욕기에 발 담그기

07 다음 중 기미의 유형이 아닌 것은?

① 표피형 기미
② 진피형 기미
③ 피하조직형 기미
④ 혼합형 기미

08 다음 중 미생물의 종류에 해당하지 않는 것은?

① 바이러스
② 진균
③ 박테리아
④ 편모

09 다음 중 자연적 환경 요소에 속하지 않는 것은?

① 기온
② 기습
③ 소음
④ 위생시설

10 다음 중 손의 근육이 아닌 것은?

① 바깥쪽뼈사이근
② 등쪽뼈사이근
③ 새끼맞섬근
④ 반힘줄근

11 다음 중 제1급 감염병으로만 묶인 것은?

① 중동호흡기증후군, 두창
② 장티푸스, 백일해
③ 뎅기열, 말라리아
④ 매독, 수족구병

12 다음 중 손톱의 이상증상으로 손톱을 물어뜯는 습관에 의해 생기는 것은?

① 고랑진 손톱
② 교조증
③ 조갑위축증
④ 조내생증

13 다음 중 흡연이 인체에 미치는 영향으로 가장 적절한 것은?

① 구강암, 식도암 등의 원인이 된다.
② 피부 혈관을 이완시켜 피부 온도를 상승시킨다.
③ 소화 촉진 및 식욕 증진에 영향을 미친다.
④ 폐기종에는 영향이 없다.

14 다음 중 에멀전의 형태를 가장 잘 설명한 것은?

① 지방과 물이 불균일하게 섞인 것
② 두 가지 액체가 같은 농도로 섞인 것
③ 고형 물질이 곱게 혼합된 것
④ 두 가지 이상의 액상이 균일하게 혼합된 것

15 다음 중 인구 구성에서 14세 이하가 65세 이상 인구의 2배 정도이며 출생률과 사망률이 모두 낮은 형은?

① 피라미드형
② 종형
③ 항아리형
④ 별형

답안표기란				
07	①	②	③	④
08	①	②	③	④
09	①	②	③	④
10	①	②	③	④
11	①	②	③	④
12	①	②	③	④
13	①	②	③	④
14	①	②	③	④
15	①	②	③	④

16 다음 중 손톱 밑의 구조가 아닌 것은?

① 조근
② 반월
③ 조모
④ 조상

17 다음 중 자외선 소독 후 가위 처리 방법으로 가장 적합하지 않은 것은?

① 소독 후 수분을 잘 닦아낸다.
② 수분 제거 후 기름칠을 한다.
③ 자외선 소독기에 넣어 보관한다.
④ 탄산나트륨을 발라둔다.

18 다음 중 방부제가 갖추어야 할 조건이 아닌 것은?

① 독특한 색상과 냄새를 지녀야 한다.
② 피부에 자극을 주어서는 안 된다.
③ 효과가 상실되거나 변해서는 안된다.
④ 일정 기간 동안 효과가 있어야 한다.

19 다음 중 피부 유형으로 T존은 번들거리고 볼 부위는 당기는 경우는?

① 건성 피부
② 정상 피부
③ 지성 피부
④ 복합성 피부

20 다음 중 손톱의 성장과 관련한 내용 중 틀린 것은?

① 겨울보다 여름에 더 빨리 자란다.
② 임신 기간 동안 손톱이 빨리 자란다.
③ 지성 피부의 손톱이 더 빨리 자란다.
④ 젊을수록 손톱이 더 빨리 자란다.

21 다음 중 네일 팁 작업에서 팁을 접착하는 올바른 방법은?

① 자연 네일보다 한 사이즈 작은 팁을 접착한다.
② 큐티클에 최대한 가깝게 부착한다.
③ 45도 각도로 네일 팁을 접착한다.
④ 자연 네일의 절반 이상을 덮도록 한다.

22 다음 중 손톱에 대한 설명으로 옳은 것은?

① 손톱에는 혈관이 있다.
② 손톱의 주성분은 인이다.
③ 손톱의 주성분은 단백질이며 죽은 세포로 구성되어 있다.
④ 손톱에는 신경과 근육이 존재한다.

23 다음 중 페디큐어 컬러링 시 작업 공간 확보를 위해 발가락 사이에 끼워주는 도구는?

① 페디 파일
② 푸셔
③ 리어
④ 토우 세퍼레이터

24 다음 중 라이트 큐어드 젤에 대한 설명으로 옳은 것은?

① 공기 중에 노출되면 자연스럽게 응고된다.
② 특수한 빛에 노출시켜 젤을 응고시키는 방법이다.
③ 경화 시 실내온도와 습도에 민감하게 반응한다.
④ 글루 사용 후 글루 드라이를 분사시켜 말리는 방법이다.

답안표기란	
16	① ② ③ ④
17	① ② ③ ④
18	① ② ③ ④
19	① ② ③ ④
20	① ② ③ ④
21	① ② ③ ④
22	① ② ③ ④
23	① ② ③ ④
24	① ② ③ ④

25 다음 중 기초 화장품의 기능이 아닌 것은?

① 피부 세정
② 피부 정돈
③ 피부 보호
④ 피부결점 커버

26 다음 중 손톱의 주요한 기능 및 역할과 가장 거리가 먼 것은?

① 물건을 잡거나 균을 떼거나 성상을 구별하는 기능이 있다.
② 방어와 공격의 기능이 있다.
③ 노폐물의 분비 기능이 있다.
④ 손끝을 보호한다.

27 다음 중 네일 매트릭스에 대한 설명으로 옳은 것은?

① 네일 베드를 보호하는 기능을 한다.
② 네일 바디를 받쳐주는 역할을 한다.
③ 모세혈관, 림프, 신경조직이 있다.
④ 손톱이 자라기 시작하는 곳이다.

28 다음 중 식물에게 가장 피해를 줄 수 있는 기체는?

① 일산화탄소
② 이산화탄소
③ 탄화수소
④ 이산화황

29 미생물이 불리한 환경에서 생존하기 위해 세균이 생성하는 것은?

① 아포
② 협막
③ 세포벽
④ 점질층

30 폐흡충 감염이 발생할 수 있는 경우는?

① 가지를 생식했을 때
② 우렁이를 생식했을 때
③ 은어를 생식했을 때
④ 소고기를 생식했을 때

31 소독제의 구비조건에 해당하지 않는 것은?

① 높은 살균력을 가질 것
② 인체에 해가 없을 것
③ 저렴하고 구입과 사용이 간편할 것
④ 용해성이 낮을 것

32 물리적 소독법에 속하지 않는 것은?

① 건열 멸균법
② 고압증기 멸균법
③ 크레졸 소독법
④ 자비 소독법

33 장티푸스, 결핵, 파상풍 등의 예방접종으로 얻어지는 면역은?

① 인공능동면역
② 인공수동면역
③ 자연능동면역
④ 자연수동면역

답안표기란	
25	① ② ③ ④
26	① ② ③ ④
27	① ② ③ ④
28	① ② ③ ④
29	① ② ③ ④
30	① ② ③ ④
31	① ② ③ ④
32	① ② ③ ④
33	① ② ③ ④

34 세계보건기구에서 정의하는 보건행정의 범위에 해당하지 않는 것은?

① 산업행정
② 모자보건
③ 환경위생
④ 감염병 관리

35 상수(노)에서 대장균 검출의 주된 의의는?

① 소독상태가 불량하다.
② 환경위생 상태가 불량하다.
③ 오염의 지표가 된다.
④ 감염병 발생의 우려가 있다.

36 계면활성제 중 가장 살균력이 강한 것은?

① 음이온성
② 양이온성
③ 비이온성
④ 양쪽이온성

37 질병 발생의 3대 요소는?

① 숙주, 환경, 병명
② 병인, 숙주, 환경
③ 숙주, 체력, 환경
④ 감정, 체력, 숙주

38 다음 중 아포까지 사멸시킬 수 있는 멸균 방법은?

① 자외선 조사법
② 고압증기 멸균법
③ P.O가스 멸균법
④ 자비 소독법

39 인체에 질병을 일으키는 병원체 중 가장 작고 전자현미경으로만 관찰 가능한 것은?

① 구균
② 간균
③ 바이러스
④ 원생동물

40 다음 중 출생 후 아기에게 가장 먼저 실시하게 되는 예방접종은?

① 파상풍
② B형 간염
③ 홍역
④ 폴리오

41 다음 중 감염병 유행지역 입국자에 대한 강제 격리 조치를 의미하는 것은?

① 검역
② 감금
③ 감시
④ 전파 예방

42 다음 중 호흡기계 전염병에 속하는 것은?

① 발진티푸스
② 파라티푸스
③ 디프테리아
④ 황열

답안표기란	
34	① ② ③ ④
35	① ② ③ ④
36	① ② ③ ④
37	① ② ③ ④
38	① ② ③ ④
39	① ② ③ ④
40	① ② ③ ④
41	① ② ③ ④
42	① ② ③ ④

43 다음 중 병원소에 해당하지 않는 것은?

① 흙
② 물
③ 가축
④ 보균자

44 이·미용업소에서 공기 중 비말 감염으로 쉽게 옮겨질 수 있는 감염병은?

① 인플루엔자
② 대장균
③ 뇌염
④ 장티푸스

45 야채를 고온에서 요리할 때 가장 파괴되기 쉬운 비타민은?

① 비타민 A
② 비타민 C
③ 비타민 D
④ 비타민 K

46 다음 중 자연 네일이 매끄럽게 되도록 손톱 표면의 거칠음과 기복을 제거하는 데 사용하는 도구는?

① 100그릿 네일파일
② 에머리 보드
③ 네일 클리퍼
④ 샌딩파일

47 다음 중 뼈와 치아의 주성분이며, 결핍 시 혈액 응고에 문제가 생기는 영양소는?

① 요오드
② 칼슘
③ 철분
④ 인

48 다음 중 소독제의 적정 농도로 틀린 것은?

① 석탄산 1~3%
② 승홍수 0.1%
③ 크레졸수 1~3%
④ 알코올 1~3%

49 진균에 의한 피부 병변이 아닌 것은?

① 족부백선
② 대상포진
③ 무좀
④ 두부백선

50 다음 중 손의 중간근(중수근)에 속하는 것은?

① 엄지막섬근(무지대립근)
② 인지모음근(무지내전근)
③ 벌레근(중양근)
④ 작은원근(소원근)

답안표기란	
43	① ② ③ ④
44	① ② ③ ④
45	① ② ③ ④
46	① ② ③ ④
47	① ② ③ ④
48	① ② ③ ④
49	① ② ③ ④
50	① ② ③ ④

51 다음 중 네일 미용관리 후 고객이 불만족할 경우 네일 미용인이 우선적으로 해야 할 대처방법으로 가장 적합한 것은?

① 주변의 다른 네일숍을 소개한다.
② 불만족 부분을 파악하고 해결방안을 모색한다.
③ 숍 입장에서 해명한다.
④ 할인이나 서비스 티켓을 제공한다.

52 피지, 각질세포, 박테리아가 엉겨 모공이 막힌 상태를 무엇이라 하는가?

① 구진
② 면포
③ 반점
④ 결절

53 다음 중 남성 매니큐어 시 자연네일의 손톱 모양 중 가장 적합한 형태는?

① 오발형
② 아몬드형
③ 둥근형
④ 사각형

54 다음 중 아크릴 프렌치 스컬프처 시술 시 형성되는 스마일 라인의 설명으로 틀린 것은?

① 선명한 라인 형성
② 일자 라인 형성
③ 균일한 라인 형성
④ 좌우 라인 대칭

55 다음 중 습식 매니큐어 작업 과정에서 가장 먼저 해야 할 절차는?

① 컬러 지우기
② 손톱 모양 만들기
③ 손 소독하기
④ 핑거볼에 손 담그기

56 다음 중 인조 네일을 보수하는 이유로 틀린 것은?

① 깨끗한 네일미용 유지
② 녹황색균의 방지
③ 인조 네일의 견고성 유지
④ 인조 네일의 원활한 제거

57 다음 중 손가락 마디에 있고 총 14개로 구성되어 있는 뼈는?

① 손가락뼈(수지골)
② 손목뼈(수근골)
③ 노뼈(요골)
④ 자뼈(척골)

58 다음 중 외국의 네일미용 변천과 관련하여 그 시기와 내용의 연결이 옳은 것은?

① 1885년 - 폴리시 필름 형성제 개발
② 1892년 - 아몬드형 네일 유행
③ 1917년 - 도구를 이용한 케어 시작
④ 1960년 - 인조 손톱 시술 본격화

답안표기란				
51	①	②	③	④
52	①	②	③	④
53	①	②	③	④
54	①	②	③	④
55	①	②	③	④
56	①	②	③	④
57	①	②	③	④
58	①	②	③	④

★★★
59 다음 중 베이스 코트와 톱 코트의 주된 기능에 대한 설명으로 가장 거리가 먼 것은?

① 베이스 코트는 색소 착색을 방지한다.
② 베이스 코트는 폴리시가 고르게 발리도록 돕는다.
③ 톱 코트는 광택을 더해 컬러를 돋보이게 한다.
④ 톱 코트는 손톱에 영양을 주어 튼튼하게 한다.

★★★
60 다음 중 발허리뼈 관절을 굴곡시키고 외측 발가락의 지절간 관절을 신전시키는 발의 근육은?

① 벌레근(중양근)
② 새끼벌림근
③ 짧은 새끼굽힘근
④ 짧은 엄지굽힘근

답안표기란				
59	①	②	③	④
60	①	②	③	④

파이널 CBT 실전모의고사 정답 및 해설

파이널 CBT 실전모의고사 1회																			
01	02	03	04	05	06	07	08	09	10	11	12	13	14	15	16	17	18	19	20
②	④	①	③	②	②	③	③	①	①	②	④	④	②	②	③	④	②	④	④
21	22	23	24	25	26	27	28	29	30	31	32	33	34	35	36	37	38	39	40
④	④	③	④	④	③	④	②	①	④	④	②	③	②	①	①	③	①	②	④
41	42	43	44	45	46	47	48	49	50	51	52	53	54	55	56	57	58	59	60
②	③	③	④	④	②	①	②	③	③	①	②	③	①	③	③	④	④	②	②

01 ▶ ②

양이온성 계면활성제는 살균·소독작용이 뛰어나고 유연효과로 정전기 발생을 억제한다.

02 ▶ ④

생균백신인 BCG를 예방접종함으로써 인공능동면역에 의해 항체가 형성된다.

03 ▶ ①

세계보건기구(WHO)에서 정의한 보건행정의 범위는 보건 관련 기록 보존, 보건교육, 환경위생, 감염병 관리, 모자보건, 의료서비스 제공, 보건간호 등이다.

04 ▶ ③

크레졸은 화학적 소독법이며, 물리적 소독법은 가열 멸균법과 습열 멸균법이다.

05 ▶ ②

세계보건기구(WHO)는 비례사망지수, 평균수명, 조사망률을 국가 간 건강수준 비교 지표로 제시하였다.

06 ▶ ②

질병 발생의 3대 요소는 병인(감염원), 환경(감염경로), 숙주(감수성)이다.

07 ▶ ③

대장균은 음용수의 일반적인 오염지표로 사용된다.

08 ▶ ③

은어를 생식했을 때 폐흡충 감염이 발생할 수 있고 소고기를 생식하면 무구조충에 감염될 수 있다.

09 ▶ ①

세균은 외부 환경에 저항하기 위해 균체 세포질에 아포를 형성한다.

10 ▶ ①

예방접종을 통해 항체가 형성되는 것은 인공능동면역이다.

11 ▶ ②

에머리 보드는 자연 네일의 표면을 정리할 때 사용된다.

12 ▶ ④

오니코크립토시스는 손톱이 살 안으로 파고드는 증상이다.

13 ▶ ④

에센셜 오일은 갈색 유리병에 밀폐하여 보관해야 한다.

14 ▶ ②

데오도란트는 항균 기능과 체취 억제 기능을 가진 제품이다.

15 ▶ ②

종형은 출생률과 사망률이 모두 낮고 인구가 안정된 형태이다.

16 ▶ ③

발진티푸스는 파리가 아닌 이가 매개하는 질병이다.

17 ▶ ④

역학은 인간 집단을 대상으로 질병의 원인과 발생을 연구하는 학문이다.

18 ▶ ②

저온 소독은 대장균을 완전히 사멸시키지 못한다.

19 ▶ ④

피부결점 커버는 베이스 메이크업 화장품의 기능이다.

20 ▶ ④

청문은 면허취소, 면허정지, 영업소 폐쇄명령 등 행정처분 시 실시한다.

21 ▶ ④

소독제는 용해성이 높아야 한다.

22 ▶ ④

캄퍼는 살균작용, 카모마일은 진정작용을 돕는 성분으로 미백과는 관련이 없다.

23 ▶ ③

AHA는 pH 3.5 이상에서 10% 이하의 농도로 사용되는 것이 적절하다.

24 ▶ ②

새니타이저는 알코올이 함유되어 있어 손과 피부의 살균 소독에 사용된다.

25 ▶ ④

라벤더 오일은 진정, 재생, 화상 회복 등에 효과가 있지만 모유 생성과는 관련이 없다.

26 ▶ ③

SPF는 피부에 바른 자외선 차단제의 효과를 실험실에서 측정한 지수이며, 오존층과는 관련이 없다.

27 ▶ ④

자외선 차단제와 태닝 제품은 기능성 화장품에 속한다.

28 ▶ ②

일반적으로 많이 사용되고 있는 화장수의 알코올 함유량은 10% 전후이다.

29 ▶ ①

벼룩은 절지동물로 병원체를 옮기는 매개체이며, 미생물에는 포함되지 않는다.

30 ▶ ④

중성세제로 세척한 후 자외선 소독기에 보관하는 것이 가장 적합하다.

31 ▶ ④

굴근은 손목을 굽히고 손가락을 구부리는 데 작용하는 근육이다.

32 ▶ ②

매니큐어는 손을 의미하는 라틴어 '마누스(Manus)'와 관리를 의미하는 '큐라(Cura)'에서 유래되었다.

33 ▶ ④

린스는 세정력이 강하지 않으며, 윤기 부여와 정전기 방지 기능이 있다.

34 ▶ ③

1970년대에는 스퀘어형 손톱 모양이 유행하였다.

35 ▶ ②

에포니키움 아래에 큐티클이 존재한다.

36 ▶ ①

복재신경은 하체의 내측부터 무릎 아래까지 분포한다.

37 ▶ ①

⭐⭐⭐

조갑박리증은 조체의 전부 또는 일부가 조상에서 이완되거나 분리되는 것으로, 네일 시술이 불가능한 질환이다.

38 ▶ ③

⭐⭐⭐

조근은 손톱이 자라나기 시작하는 부분으로, 손톱 밑 구조에는 포함되지 않는다.

39 ▶ ④

⭐⭐⭐

네일 베드(조상)는 조체의 밑부분이며, 신진대사 기능은 없다.

40 ▶ ④

⭐⭐⭐

고객관리카드에는 고객의 건강상태, 생활습관, 기호 등을 기록하며, 학력이나 가족사항은 포함되지 않는다.

41 ▶ ②

⭐

아크릴릭 네일은 100% 아세톤을 솜에 적셔 휘발되지 않도록 호일로 감싸 불린 후 오렌지 우드스틱으로 프리에지 방향으로 밀어내어 제거한다.

42 ▶ ③

⭐⭐

조갑종렬증은 손톱이 세로로 갈라지고 부러지며 골이 파지는 증상이다.

43 ▶ ③

⭐⭐

네일 팁의 재료는 나일론, 플라스틱, 아세테이트이며, 아크릴은 해당되지 않는다.

44 ▶ ④

⭐⭐

건강한 네일은 12~18%의 수분과 0.15~0.75%의 지질을 함유하고 있다.

45 ▶ ④

⭐⭐⭐

발목뼈는 7개의 관절로 이루어져 있으며, 몸의 무게를 지탱하는 역할을 한다.

46 ▶ ②

⭐

네일 큐티클은 손톱 주위를 덮고 있으며, 완전히 제거되지 않는다.

47 ▶ ①

⭐⭐⭐

매트릭스는 네일 판 밑에 위치하며 림프관과 혈관, 신경이 많이 분포한다.

48 ▶ ②

⭐⭐

뼈의 구조: 골막, 골조직, 골수강, 골수

49 ▶ ③

⭐

캄퍼는 살균작용을 하며 미백 기능과는 관련이 없다.

50 ▶ ③

⭐⭐

벌레근은 둘째~다섯째 손가락을 펴는 근육으로 중수근에 속한다.

51 ▶ ①

⭐⭐

프렌치 컬러링은 프리에지 중앙 쪽으로 옐로우 라인의 흐름을 따라 둥글게 바른 다음, 다른 편에서 중앙을 향해 완만한 U자 형태로 컬러링한다.

52 ▶ ②

⭐⭐

아크릴 볼이 완전히 마르기 전에 스트레스 포인트를 눌러주면 C커브 형성에 도움이 된다.

53 ▶ ③

⭐⭐⭐

UV젤 팁 오버레이 시에는 네일 폼이 필요하지 않다.

54 ▶ ①

⭐⭐⭐

페디큐어 시술 순서: 소독하기 → 폴리시 지우기 → 발톱 모양 만들기 → 큐티클 오일 바르기 → 큐티클 정리하기

55 ▶ ③

⭐

콘커터는 굳은살을 제거하는 데 사용하는 도구이다.

56 ▶ ③

⭐⭐⭐

푸셔는 45°로 연필처럼 잡고 자연 손톱의 판이 긁히지 않도록 가볍게 밀어준다.

★★★
57   ▶ ④

아크릴 파우더는 아크릴 인조 네일에 사용되는 재료이며, 팁 위드 랩에는 사용되지 않는다.

★★
58   ▶ ④

UV젤은 UV램프에서 경화되며, 상온에서는 경화되지 않는다.

★
59   ▶ ②

폴리시 브러시는 45°로 잡는 것이 적당하다.

★
60   ▶ ②

피지선은 안드로겐에 의해 자극되어 피지 분비가 증가하며 여드름을 유발한다.

파이널 CBT 실전모의고사 2회

01	02	03	04	05	06	07	08	09	10	11	12	13	14	15	16	17	18	19	20
①	③	④	④	④	④	③	④	④	④	①	②	①	④	②	①	④	①	④	③
21	22	23	24	25	26	27	28	29	30	31	32	33	34	35	36	37	38	39	40
③	③	④	②	④	③	④	④	①	③	④	③	①	①	③	②	②	②	③	②
41	42	43	44	45	46	47	48	49	50	51	52	53	54	55	56	57	58	59	60
①	③	②	①	②	②	②	④	②	③	②	②	③	②	③	④	①	④	④	①

01 ▶ ①
조체는 실제로 12~18%의 수분을 함유한다.

02 ▶ ③
DHA는 자외선 차단이 아닌 뇌 기능 향상에 도움을 준다.

03 ▶ ④
파일은 재료가 아닌 도구로, 오버레이 보강에는 사용되지 않는다.

04 ▶ ④
타월은 자외선 소독이 아닌 자비 소독법으로 소독해야 한다.

05 ▶ ④
오니코크립토시스는 손톱이 살 안으로 파고드는 증상이다.

06 ▶ ④
큐티클 정리 전 족욕기에 발을 담가 큐티클을 연화시킨다.

07 ▶ ③
기미는 표피형, 진피형, 혼합형으로 분류되며, 피하조직형은 존재하지 않는다.

08 ▶ ④
편모는 미생물의 운동기관이며, 미생물 종류에는 포함하지 않는다.

09 ▶ ④
위생시설은 인위적 환경 요소이며, 자연적 환경 요소에는 포함되지 않는다.

10 ▶ ④
반힘줄근은 다리에 있는 근육으로 손의 근육이 아니다.

11 ▶ ①
중동호흡기증후군과 두창은 제1급 감염병이다.

12 ▶ ②
교조증은 손톱을 깨무는 습관으로 인해 발생하며 매니큐어로 개선할 수 있다.

13 ▶ ①
흡연은 각종 암과 폐질환의 주요 원인이다.

14 ▶ ④
에멀전은 서로 섞이지 않는 액체가 미세한 입자로 분산된 혼합물이다.

15 ▶ ②
종형은 출생률과 사망률이 모두 낮고 인구가 안정된 형태이다.

16 ▶ ①
조근은 손톱이 자라나기 시작하는 부분으로, 손톱 밑의 구조에는 포함되지 않는다.

17 ▶ ④
탄산나트륨은 소독 후 처리에 사용되지 않는다.

18 ▶ ①
방부제는 인체에 해가 없어야 하며, 품질을 손상시키지 않아야 한다.

19 ▶ ④

복합성 피부는 부위별로 다른 특성을 가진다.

20 ▶ ③

피부 유형과 손톱 성장 속도는 직접적인 관련이 없다.

21 ▶ ③

팁은 45도 각도로 접착하며 손톱 길이의 절반 이상을 덮지 않는다.

22 ▶ ③

손톱은 케라틴이라는 단백질로 구성된 죽은 세포이며 혈관이나 신경은 없다.

23 ▶ ④

토우 세퍼레이터는 발가락 사이를 벌려 컬러링 시 공간을 확보한다.

24 ▶ ②

라이트 큐어드 젤은 특수광선에 노출시켜 경화시키는 방식이다.

25 ▶ ④

피부결점 커버는 베이스 메이크업 화장품의 기능이다.

26 ▶ ③

손톱에는 노폐물 분비 기능이 없다.

27 ▶ ④

네일 매트릭스는 손톱이 생성되는 시작점이다.

28 ▶ ④

이산화황은 도시 공해의 주범으로 식물에 큰 피해를 준다.

29 ▶ ①

세균은 외부 환경 조건에 대해 강한 저항성을 가지기 위해 균체 세포질에 아포를 형성한다.

30 ▶ ③

은어 생식 시 폐흡충 감염이 발생할 수 있으며, 소고기를 생식하면 무구조충에 감염될 수 있다.

31 ▶ ④

소독제는 용해성이 높아야 한다.

32 ▶ ③

크레졸은 화학적 소독법이며, 물리적 소독법은 가열멸균법과 습열 멸균법이다.

33 ▶ ①

예방접종을 통해 항체가 형성되는 인공능동면역이다.

34 ▶ ①

세계보건기구(WHO)에서 정의한 보건행정의 범위는 보건 관련 기록 보존, 보건교육, 환경위생, 감염병 관리, 모자보건, 의료서비스 제공, 보건간호 등이다.

35 ▶ ③

대장균은 음용수의 일반적인 오염지표로 사용된다.

36 ▶ ②

양이온성 계면활성제는 살균·소독작용이 뛰어나며 정전기 발생을 억제한다.

37 ▶ ②

질병 발생의 3대 요소는 병인(감염원), 환경(감염경로), 숙주(감수성)이다.

38 ▶ ②

고압증기 멸균법은 아포까지 사멸시킬 수 있다.

39 ▶ ③

바이러스는 병원체 중 가장 작으며 살아있는 세포에서만 증식한다.

40 ▶ ②

B형 간염은 생후 4주 이내, 폴리오는 2개월 이내에 접종한다.

41 ▶ ①

검역은 감염병 유입을 막기 위해 공항·항구 등에서 실시하는 격리 조치이다.

42 ★★ ▶ ③

디프테리아는 호흡기계 전염병이다.

43 ★ ▶ ②

병원소는 사람, 동물, 식물, 곤충, 흙 등이 해당되며, 물은 포함되지 않는다.

44 ★ ▶ ①

인플루엔자는 비말 감염으로 전파되기 쉬운 감염병이다.

45 ★ ▶ ②

비타민 C는 열과 공기에 약해 조리 시 쉽게 파괴된다.

46 ★★★ ▶ ②

에머리 보드는 자연 네일의 표면을 정리할 때 사용된다.

47 ★ ▶ ②

칼슘은 뼈와 치아의 주성분이며, 결핍 시 혈액 응고에 문제가 생긴다.

48 ★★ ▶ ④

알코올은 70% 수용액을 사용하는 것이 적정 농도이다.

49 ★★ ▶ ②

대상포진은 바이러스 감염이며, 진균에 의한 병변은 아니다.

50 ★ ▶ ③

벌레근은 둘째~다섯째 손가락을 펴는 근육으로 중수근에 속한다.

51 ★★★ ▶ ②

고객의 불만족 원인을 파악하고 해결책을 제시하는 것이 우선이다.

52 ★ ▶ ②

면포는 피지와 각질 등이 모공을 막은 상태로 여드름의 초기 형태이다.

53 ★★ ▶ ③

둥근형은 각이 없고 자연스러워 남성에게 적합한 형태이다.

54 ★★★ ▶ ②

프렌치 스마일 라인은 곡선 형태로 형성되어야 하며 일자 라인은 부적절하다.

55 ★★★ ▶ ③

작업 시작 전 손 소독은 가장 먼저 수행해야 하는 절차이다.

56 ★★ ▶ ④

보수는 들뜸 부위를 채워주는 작업으로 제거 목적은 아니다.

57 ★ ▶ ①

손가락뼈는 각 손가락에 3개씩, 엄지에 2개로 총 14개이다.

58 ★★★ ▶ ④

1960년대에 인조 손톱 시술이 본격화되며 네일아트가 유행하기 시작했다.

59 ★★★ ▶ ④

손톱에 영양을 주는 기능은 네일 보강제의 역할이다.

60 ★★★ ▶ ①

벌레근은 발허리뼈 관절을 굴곡시키고 발가락을 신전시키는 기능을 한다.

성공의 커다란 비결은
결코 지치지 않는 인간으로 인생을 살아가는 것이다.
(A great secret of success is to go through life as a man who never gets used up.)

알버트 슈바이처(Albert Schweitzer)

PART

04

최빈출 실전 60제

최빈출 실전 60제

빈출 01 #공중보건학

세계보건기구에서 규정한 보건행정의 범위에 속하지 않는 것은?

① 보건관계 기록의 보존
② 환경위생과 감염병 관리
③ **보건통계와 만성병 관리**
④ 모자보건과 보건간호

세계보건기구(WHO)가 정한 보건행정의 범위: 보건자료, 대중에 대한 보건교육, 환경위생, 감염병 관리, 모자보건, 의료, 보건보호

빈출 02 #공중위생관리

다음 중 송어, 연어 등의 생식으로 주로 감염될 수 있는 것은?

① 유구낭충증
② 유구조충증
③ 무구조충증
④ **긴촌충증**

①, ② 돼지고기를 통해 감염될 수 있다.
③ 쇠고기를 통해 감염될 수 있다.

빈출 03 #공중위생관리

절지동물에 의해 매개되는 감염병이 아닌 것은?

① 유행성 일본뇌염
② 발진티푸스
③ **탄저**
④ 페스트

탄저는 동물매개 감염병이다.

빈출 04 #공중위생관리

제3급 감염병에 속하는 것은?

① 결핵
② 신종인플루엔자
③ **말라리아**
④ 풍진

①, ④ 제2급 감염병이다.
② 제1급 감염병이다.

호기성 세균이 아닌 것은?

① 결핵균
② 백일해균
③ 파상풍균
④ 녹농균

파상풍균은 흙, 먼지, 토양에 의해 전파되는 혐기성 세균이다.

다음 중 감염병 관리상 가장 중요하게 취급해야 할 대상자는?

① 건강보균자
② 잠복기 환자
③ 현성환자
④ 회복기 보균자

건강보균자는 증상이 없으면서 균을 보유하고 있는 자로서 활동 영역이 넓어 보건관리가 가장 어렵다.

영아사망률의 계산공식으로 옳은 것은?

① $\dfrac{\text{연간 출생아수}}{\text{인구}} \times 1000$

② $\dfrac{\text{그해의 1~4세 사망아수}}{\text{어느해의 1~4세 인구}} \times 1000$

③ $\dfrac{\text{그해의 1세 미만사망아수}}{\text{어느해의 연간출생아수}} \times 1000$

③ $\dfrac{\text{그해의 생후 28일 이내의 사망아수}}{\text{어느해의 연간출생아수}} \times 1000$

영아는 생후 1년 미만의 아이로 비위생적 생활환경에 가장 영향을 많이 받기 때문에, 영아사망률은 한 국가나 지역사회의 보건 수준을 제시하는 지표로 사용된다.

다음 중 이·미용실에서 사용하는 타월을 철저하게 소독하지 않았을 때 주로 발생할 수 있는 감염병은?

① 장티푸스
② 트라코마
③ 페스트
④ 일본뇌염

트라코마는 환자의 분비물이 사람과 사람 간 접촉에 의해 직접 전파되거나, 환자의 수건이나 옷 등을 통해 간접적으로 전파되기도 한다.

석탄산 소독에 대한 설명으로 틀린 것은?

① 단백질 응고작용이 있다.
② 저온에서는 살균효과가 떨어진다.
③ 금속기구 소독에 부적합하다.
④ 포자 및 바이러스에 효과적이다.

석탄산은 의류, 가구, 용기, 오물 등의 소독에 사용되며, 세균포자와 바이러스에는 작용력이 거의 없다.

자비 소독법 시 일반적으로 사용하는 물의 온도와 시간은?

① 150℃에서 15분간
② 135℃에서 20분간
③ 100℃에서 20분간
④ 80℃에서 30분간

자비 소독은 100℃ 끓는 물에 15~20분간 처리한다.

공기의 자정작용현상이 아닌 것은?

① 산소, 오존, 과산화수소 등에 의한 산화작용
② 태양광선 중 자외선에 의한 살균작용
③ 식물의 탄소동화작용에 의한 CO_2의 생산작용
④ 공기 자체의 희석작용

생산작용은 자정작용현상에 해당하지 않는다.

세균 증식에 가장 적합한 최적 수소 이온 농도는?

① pH 3.5~5.5
② pH 6.0~8.0
③ pH 8.5~10.0
④ pH 10.5~11.5

진균은 pH 4~6, 세균은 pH 5~7.5에서 가장 활발하게 번식한다.

석탄산 10% 용액 200ml를 2% 용액으로 만들고자 할 때 첨가해야 하는 물의 양은?

① 200ml
② 400ml
③ 800ml
④ 1000ml

$$\frac{10}{100} \times 200 = \frac{2}{100} \times (200 + x)$$

$$2000 = 400 + 2x$$

$$1600 = 2x$$

$$\therefore \ x = 800ml$$

소독용 승홍수의 희석 농도로 적합한 것은?

① 10~20%
② 5~7%
③ 2~5%
④ 0.1~0.5%

피부 소독에는 소독용 승홍수 0.1~0.5% 수용액을 사용한다.

피부의 면역에 관한 설명으로 옳은 것은?

① 세포성 면역에는 보체, 항체 등이 있다.
② T림프구는 항원전달세포에 해당한다.
③ B림프구는 면역글로불린이라고 불리는 항체를 생성한다.
④ 표피에 존재하는 각질형성세포는 면역조절에 작용하지 않는다.

---

① 체액성 면역이 항체를 생산한다.
② T림프구는 항원전달세포에 해당하지 않는다.
④ 각질형성세포는 면역조절에 작용한다.

바이러스성 피부질환은?

① 모낭염
② 절종
③ 용종
④ 단순포진

---

①, ② 세균성 피부질환이다.
③ 원발진에 속한다.

공중위생관리법상 이·미용업자의 변경 신고사항 중 틀린 것은?

① 업소의 소재지 변경
② 영업소의 명칭 또는 상호변경
③ 대표자의 성명 또는 생년월일
④ 신고한 영업장 면적의 2분의 1 이하의 변경

영업장 면적의 3분의 1이상 증감 시 신고해야 한다.

다음 중 자외선 B(UV-B)의 파장 범위는?

① 100~190nm
② 200~280nm
③ 290~320nm
④ 330~400nm

② 자외선 C(UV-C)의 단파장이다.
④ 자외선 A(UV-A)의 장파장이다.

다음 중 원발진(Primary Lesions)에 해당하는 피부 질환은?

① 면포
② 미란
③ 가피
④ 반흔

미란, 가피, 반흔은 속발진에 속한다.

멜라노사이트(Melanocyte)가 주로 분포되어 있는 곳은?

① 투명층
② 과립층
③ 각질층
④ 기저층

④ 케라티노사이트, 멜라노사이트, 머켈세포가 존재한다.
① 엘라이딘이라는 반유동성 물질이 존재한다.
② 유핵과 무핵세포가 같이 공존한다.
③ 케라틴, 천연보습인자 NMF(Natural Moisturizing Factor), 각질 세포 사이의 지질(세라마이드)이 존재한다.

피부의 기능과 그 설명이 틀린 것은?

① 보호기능 - 피부 표면의 산성막은 박테리아의 감염 과 미생물의 침입으로부터 피부를 보호한다.
② 흡수기능 - 피부는 외부의 온도를 흡수, 감지한다.
③ 영양분 교환 기능 - 프로비타민 D가 자외선을 받 으면 비타민 D로 전환된다.
④ 저장기능 - 진피조직은 신체 중 가장 큰 저장기관 으로 각종 영양분과 수분을 보유하고 있다.

저장기능은 피하지방에 관한 설명이다.

비타민에 대한 설명 중 틀린 것은?

① 비타민 A가 결핍되면 피부가 건조해지고 거칠어 진다.
② 비타민 C는 교원질 형성에 중요한 역할을 한다.
③ 레티노이드는 비타민 A를 통칭하는 용어이다.
④ 비타민 A는 많은 양이 피부에서 합성된다.

자외선을 받으면 비타민 D가 생성된다.

공중위생영업소의 위생서비스 평가 계획을 수립하는 자는?

① 시 · 도지사
② 행정자치부장관
③ 대통령
④ 시장 · 군수 · 구청장

위생서비스 평가 계획권자는 시 · 도지사이며, 위생서비스 평가 계획 통보를 받는 관청은 시장 · 군수 · 구청장이다.

이 · 미용업소 내에 게시하지 않아도 되는 것은?

① 이 · 미용업 신고증
② 개설자의 면허증 원본
③ 근무자의 면허증 원본
④ 이 · 미용요금표

근무자의 면허증 사본을 게시한다.

다음 중 이 · 미용사 면허를 받을 수 없는 자는?

① 교육부장관이 인정하는 고등기술학교에서 6개월 이상 이 · 미용에 관한 소정의 과정을 이수한 자
② 전문대학에서 이 · 미용에 관한 학과를 졸업한 자
③ 국가기술자격법에 의한 이 · 미용사의 자격을 취득한 자
④ 고등학교에서 이 · 미용에 관한 학과를 졸업한 자

교육부장관이 인정하는 고등기술학교에서 1년 이상 이 · 미용에 관한 소정의 과정을 이수해야 한다.

과징금을 기한 내에 납부하지 아니한 경우에 이를 징수하는 방법은?

① 지방세외 수입금의 징수 등에 관한 법률에 의하여 징수
② 부가가치세 체납처분의 예에 의하여 징수
③ 법인세 체납처분의 예에 의하여 징수
④ 소득세 체납처분의 예에 의하여 징수

시장 · 군수 · 구청장은 지방세외 수입금의 징수 등에 관한 법률에 의하여 이를 징수한다.

다음 중 공중위생감시원을 두는 곳을 모두 고른 것은?

㉠ 특별시	㉡ 광역시
㉢ 도	㉣ 군

① ㉡, ㉢
② ㉠, ㉢
③ ㉠, ㉡, ㉢
④ ㉠, ㉡, ㉢, ㉣

영업의 신고 및 폐업신고, 공중이용시설의 위생관리, 미용사 업무 범위, 영업소의 폐쇄 등 규정에 의한 관계 공무원의 업무를 행하기 위하여 특별시, 광역시, 도 및 시 · 군 · 구에 공중위생감시원을 둔다.

피부 표면에 물리적인 장벽을 만들어 자외선을 반사하고 분산하는 자외선 차단 성분은?

① 옥틸메톡시신나메이트
② 파라아미노안식향산(PABA)
③ 이산화티타늄
④ 벤조페논

---

①, ②, ④ 자외선 흡수제 성분이다.

이·미용업 영업과 관련하여 과태료 부과대상이 아닌 사람은?

① 위생관리 의무를 위반한 자
② 위생교육을 받지 않은 자
③ 무신고 영업자
④ 관계공무원 출입, 검사 방해자

무신고 영업자는 1년 이하의 징역 또는 1천만원 이하의 벌금에 속한다.

네일 에나멜(Nail Enamel)에 대한 설명으로 틀린 것은?

① 손톱에 광택을 부여하고 아름답게 할 목적으로 사용하는 화장품이다.
② 피막 형성제로 톨루엔이 함유되어 있다.
③ 대부분 니트로셀룰로오스를 주성분으로 한다.
④ 안료가 배합되어 손톱에 아름다운 색채를 부여하기 때문에 네일컬러(Nail Color) 라고도 한다.

피막 형성제의 성분은 니트로셀룰로오스이다.

다음 중 화장품의 4대 요인이 아닌 것은?

① 안전성
② 안정성
③ 유효성
④ 기능성

화장품의 4대 요건은 안전성, 안정성, 유효성, 사용성이다.

다음 중 햇빛에 노출했을 때 색소 침착의 우려가 있어 사용 시 유의해야 하는 에센셜 오일은?

① 라벤더
② 티트리
③ 제라늄
④ 레몬

---

④ 레몬 – 항박테리아, 살균·미백, 기미·주근깨에 효과적이며 민감한 피부에 자극을 주어 광과민성을 일으킬 수 있다. 색소 침착의 우려가 있으므로 감광성에 주의해야 한다.
① 라벤더 – 일광화상, 상처 치유에 사용한다.
② 티트리 – 살균, 소독작용(여드름에 효과적)을 한다.
③ 제라늄 – 호르몬 조절, 항균 작용을 한다.

다량의 유성 성분을 물에 일정기간 동안 안정한 상태로 균일하게 혼합시키는 화장품 제조기술은?

① 유화
② 경화
③ 분산
④ 가용화

---

③ 물 또는 오일성분에 미세한 고체 입자가 계면 활성제에 의해 균일하게 혼합된 상태로 립스틱, 아이섀도, 마스카라, 아이라이너, 파운데이션 등이 있다.
④ 물에 녹지 않는 소량의 오일 성분이 계면활성제에 의해 투명하게 용해된 상태의 제품으로 화장수, 향수, 에센스, 네일에나멜 등이 있다.

기초 화장품을 사용하는 목적이 아닌 것은?

① 세안
② 피부 정돈
③ 피부 보호
④ 피부결점 보완

피부결점 보완은 베이스 메이크업 중 파운데이션에 대한 설명이다.

화장품의 원료로서 알코올의 작용에 대한 설명으로 틀린 것은?

① 다른 물질과 혼합해서 그것을 녹이는 성질이 있다.
② 소독작용이 있어 화장수, 양모제 등에 사용한다.
③ 흡수작용이 강하기 때문에 건조의 목적으로 사용한다.
④ 피부에 자극을 줄 수도 있다.

알코올은 휘발성이 강해 피부에 청량감과 가벼운 수렴효과를 준다.

손톱의 구조에 대한 설명으로 옳은 것은?

① 매트릭스(조모): 손톱의 성장이 진행되는 곳으로 이상이 생기면 손톱의 변형을 가져온다.
② 네일 베드(조상): 손톱의 끝부분에 해당되며 손톱의 모양을 만들 수 있다.
③ 루눌라(반월): 매트릭스와 네일 베드가 만나는 부분으로 미생물 침입을 막는다.
④ 네일 바디(조체): 손톱 측면으로 손톱과 피부를 밀착시킨다.

---

② 프리에지(자유연)에 대한 설명이다.
③ 조표피에 대한 설명이다.
④ 네일 그루브에 대한 설명이다.

네일의 길이와 모양을 자유롭게 조절할 수 있는 것은?

✔️ 프리에지(자유연)
② 네일 그루브(조구)
③ 네일 폴드(조주름)
④ 에포니키움(조상피)

---

② 스트레스 포인트를 중심으로 조체를 따라 자라는 조상의 양
 측면에 패인 홈을 말한다.
③ 손톱 베이스에 피부가 깊이 접혀 있는 부분이다.
④ 조반월의 주변을 감싸고 있는 피부로 외부 미생물로부터 방
 어 역할을 한다.

신경조직과 관련된 설명으로 옳은 것은?

✔️ 말초신경은 외부나 체내에 가해진 자극에 의해 감
 각기에 발생한 신경흥분을 중추신경에 전달한다.
② 중추신경계의 체성신경은 12쌍의 뇌신경과 31쌍
 의 척수신경으로 이루어져 있다.
③ 중추신경계의 뇌신경, 척수신경 및 자율신경으로
 구성된다.
④ 말초신경은 교감신경과 부교감신경으로 구성된다.

---

② 말초신경계에 대한 설명이다.
③ 중추신경계는 뇌신경과 척수신경으로 이루어진다.
④ 자율신경계에 대한 설명이다.

하이포니키움(하조피)에 대한 설명으로 옳은 것은?

① 네일 매트릭스를 병원균으로부터 보호한다.
✔️ 손톱 아래 살과 연결된 끝부분으로 박테리아의 침
 입을 막아준다.
③ 손톱 측면의 피부로 네일 베드와 연결된다.
④ 매트릭스 윗부분으로 손톱을 성장시킨다.

---

① 조표피에 대한 설명이다.
③ 네일 그루브에 대한 설명이다.
④ 조모에 대한 설명이다.

손톱의 생리적인 특성에 대한 설명으로 틀린 것은?

① 일반적으로 1일 평균 0.1~0.15mm 정도 자란다.
✔️ 손톱의 성장은 조소피의 조직이 경화되면서 오래
 된 세포를 밀어내는 현상이다.
③ 손톱의 본체는 각질층이 변형된 것으로 얇은 층이
 겹으로 이루어져 단단한 층을 이루고 있다.
④ 주로 경단백질인 케라틴과 이를 조성하는 아미노산
 등으로 구성되어 있다.

손톱의 성장은 조모(Matrix)에서 시작한다.

둘째~다섯째 손가락에 작용을 하며 손허리 뼈의 사이를 메워주는 손의 근육은?

① 벌레근(충양근)
② 위침근(회의근)
③ 손가락폄근(지신근)
④ 엄지맞섬근(무지대립근)

제2~5지의 중수지절관절에 관여하며 손허리뼈 사이를 메워주는 근육은 충양근이다.

고객을 위한 네일 미용인의 자세가 아닌 것은?

① 고객의 경제상태 파악
② 고객의 네일상태 파악
③ 선택 가능한 시술방법 설명
④ 선택 가능한 관리방법 설명

고객의 경제상태는 네일 관리와 관련이 없다.

변색된 손톱(Discolored Nails)의 특성이 아닌 것은?

① 네일 바디에 퍼런 멍이 반점처럼 나타난다.
② 혈액순환이나 심장이 좋지 못한 상태에서 나타날 수 있다.
③ 베이스 코트를 바르지 않고 유색 네일 폴리시를 바를 경우 나타날 수 있다.
④ 손톱의 색상이 청색, 황색, 검푸른색, 자색 등으로 나타난다.

네일 바디에 퍼런 멍이 반점처럼 나타나는 것은 혈종에 대한 설명이다.

큐티클이 과잉 성장하여 손톱 위로 자라는 질병은?

① 표피조막(테리지움)
② 교조증(오니코파지)
③ 조각비대증(오니콕시스)
④ 고랑 파진 손톱(휘로우네일)

---

② 손톱을 씹거나 깨무는 버릇에 의해 나타나는 심리적인 증상이다.
③ 과잉 발육으로서 거대한 손톱과 발톱을 말한다.
④ 가로나 세로로 패인 주름 또는 고랑진 손톱을 말한다.

#젤 화장물 활용

젤 램프기기와 관련한 설명으로 틀린 것은?

① LED램프는 400~700nm정도의 파장을 사용한다.
② UV램프는 UV-A파장 정도를 사용한다.
③ 젤 네일에 사용되는 광선은 자외선과 적외선이다.
④ 젤 네일의 광택이 떨어지거나 경화 속도가 떨어지면 램프를 교체함이 바람직하다.

젤 네일에 사용되는 광선은 자외선과 가시광선이다.

#손톱의 구조와 기능

건강한 손톱의 특성이 아닌 것은?

① 매끄럽고 광택이 나며 반투명한 핑크빛을 띤다.
② 약 8~12%의 수분을 함유하고 있다.
③ 모양이 고르고 표면이 균일하다.
④ 탄력이 있고 단단하다.

건강한 손톱은 12~18%의 수분을 함유하고 있다.

#네일개론

매니큐어의 어원으로 손을 지칭하는 라틴어는?

① 패디스(Pedis)
② 마누스(Manus)
③ 큐라(Cura)
④ 매니스(Manis)

매니큐어는 라틴어로 손을 의미하는 '마누스(Manus)'와 관리를 의미하는 '큐라(Cura)'에서 유래되었다.

#유래와 역사

네일관리의 유래와 역사에 대한 설명으로 틀린 것은?

① 중국에서는 네일에도 연지를 발라 "조홍"이라 하였다.
② 기원전 시대에는 관목이나 음식물, 식물 등에서 색상을 추출하였다.
③ 고대 이집트에서는 왕족은 짙은 색으로 낮은 계층의 사람들은 옅은 색만을 사용하게 하였다.
④ 중세시대에는 금색이나 은색 또는 검정색이나 흑적색 등의 색상으로 특권층의 신분을 표시했다.

B.C 600년경 중국에서 금색과 은색을 손톱에 발랐다.

손톱의 특징에 대한 설명으로 틀린 것은?

① 네일 바디와 네일 루트는 산소를 필요로 한다.
② 지각 신경이 집중되어 있는 반투명의 각질판이다.
③ 손톱의 경도는 함유된 수분의 함량이나 각질의 조성에 따라 다르다.
④ 네일 베드의 모세혈관으로부터 산소를 공급받는다.

네일 바디는 신경조직이 없는 각질화된 딱딱한 세포로 산소를 필요로 하지 않는다.

아크릴릭 네일의 시술과 보수에 관련한 내용으로 틀린 것은?

① 공기방울이 생긴 인조 네일은 촉촉하게 젖은 브러시의 사용으로 인해 나타날수 있는 현상이다.
② 노랗게 변색되는 인조 네일은 제품과 시술하는 과정에서 발생한 것으로 보수를 해야 한다.
③ 적절한 온도 이하에서 시술했을 경우 인조 네일에 금이 가거나 깨지는 현상이 나타날 수 있다.
④ 기존에 이술된 인조 네일과 새로 자라나온 자연 네일을 자연스럽게 연결해 주어야 한다.

브러시에 리퀴드가 충분히 젖지 않았을 경우 공기방울이 생길 수 있다.

파고드는 발톱을 예방하기 위한 발톱 모양으로 적합한 것은?

① 라운드형
② 스퀘어형
③ 포인트형
④ 오발형

---

① 둥글게 굴려주는 형태이다.
③ 뾰족하게 만들어주는 형태이다.
④ 라운드보다 더 둥글게 굴려주는 형태이다.

매니큐어 시술에 관한 설명으로 옳은 것은?

① 손톱 모양을 만들때 양쪽 방향으로 파일링 한다.
② 큐티클은 상조피 바로 밑 부분까지 깨끗하게 제거한다.
③ 네일 폴리시를 바르기 전에 유분기는 깨끗하게 제거한다.
④ 자연 네일이 약한 고객은 네일 컬러링 후 톱 코트(Top Coat)를 2회 바른다.

---

① 한쪽 방향으로 파일링 해야 한다.
② 큐티클을 너무 많이 제거하면 감염이 발생할 수 있다.
④ 자연 네일이 약한 고객은 네일 보강제를 발라준다.

#구조와 기능

몸쪽 손목뼈(근위 수근골)가 아닌 것은?

① 손배뼈(주상골)
② 알머리뼈(유두골)
③ 세모뼈(삼각골)
④ 콩알뼈(두상골)

알머리뼈는 원위 수근골에 속하며, 근위 수근골에는 포함되지 않는다.

#네일 화장물 적용

손톱의 프리에지 부분을 유색 폴리시로 칠해주는 컬러링 테크닉은?

① 프렌치 매니큐어(French Manicure)
② 핫오일 매니큐어(Hot oil Manicure)
③ 레귤러 매니큐어(Regular Manicure)
④ 파라핀 매니큐어(Paraffin Manicure)

②, ④ 유·수분과 보습효과를 줄 때 사용한다.
③ 손톱 모양과 큐티클 정리 및 풀 코트 컬러링을 포함한다.

#네일도구의 이해

오렌지 우드스틱의 사용 용도로 적합하지 않은 것은?

① 큐티클을 밀어 올릴 때
② 폴리시의 여분을 닦아 낼 때
③ 네일 주위의 굳은살을 정리할 때
④ 네일 주위의 이물질을 제거할 때

네일 주위의 굳은 살을 정리할 때는 니퍼를 사용한다.

#팁 위드 네일시술

자연 네일의 형태 및 특성에 따른 네일 팁 적용 방법으로 옳은 것은?

① 넓적한 손톱에는 끝이 좁아지는 내로우 팁을 적용한다.
② 아래로 향한 손톱(Claw Nail)에는 커브 팁을 적용한다.
③ 위로 솟아 오른 손톱(Spoon Nail)에는 옆선에 커브가 없는 팁을 적용한다.
④ 물어뜯는 손톱에는 팁을 적용할 수 없다.

② 커브 팁을 사용하지 않는다.
③ 커브가 있는 팁을 적용한다.
④ 물어뜯는 손톱에는 손톱 교정을 위해 팁을 적용한다.

#아크릴 스컬프처

아크릴릭 네일 재료인 프라이머에 대한 설명으로 틀린 것은?

① 손톱 표면의 유수분을 제거하고 건조시켜 아크릴의 접착력을 강하게 해준다.
② 산성 제품으로 피부에 화상을 입힐 수 있으므로 최소량만을 사용한다.
③ 인조 네일 전체에 사용하며 방부제 역할을 한다.
④ 손톱 표면의 pH 밸런스를 맞춰준다.

프라이머는 손톱의 유분기를 없애주고 아크릴볼 사용 시 접착이 잘 되도록 도와준다.

#젤 네일 사용도구의 이해

젤 네일에 관한 설명으로 틀린 것은?

① 아크릴릭에 비해 강한 냄새가 없다.
② 일반 네일 폴리시에 비해 광택이 오래 지속된다.
③ 소프트 젤(Soft Gel)은 아세톤에 녹지 않는다.
④ 젤 네일은 하드 젤(Hard Gel)과 소프트 젤(Soft Gel)로 구분된다.

소프트 젤은 아세톤으로 녹여 제거할 수 있다.

#일반 네일 폴리시

그라데이션 기법의 컬러링에 대한 설명으로 틀린 것은?

① 색상 사용의 제한이 없다.
② 스폰지를 사용하여 시술할 수 있다.
③ UV젤의 적용 시에도 활용할 수 있다.
④ 일반적으로 큐티클 부분으로 갈수록 컬러링 색상이 자연스럽게 진해지는 기법이다.

그라데이션 기법은 큐티클 부분으로 갈수록 컬러링 색상이 자연스럽게 연해진다.

#아크릴 프렌치 스컬프처

투톤 아크릴 스컬프처의 시술에 대한 설명으로 틀린 것은?

① 프렌치 스컬프처(French Sculpture)라고도 한다.
② 화이트 파우더 특성상 프리에지가 퍼져 보일수 있으므로 핀칭에 유의해야 한다.
③ 스트레스 포인트에 화이트 파우더가 얇게 시술되면 떨어지기 쉬우므로 주의한다.
④ 스퀘어 모양을 잡기 위해 파일은 30°정도 살짝 기울여 파일링한다.

스퀘어 모양을 잡기 위한 파일 각도는 90°정도이다.

가장 위대한 영광은 한 번도 실패하지 않음이 아니라
실패할 때마다 다시 일어서는 데 있다.

공자(孔子)

박문각 자격증 시리즈

네일미용사 필기
8개년 기출문제집 + 무료특강

초판인쇄   2026. 3. 25.
초판발행   2026. 3. 30.

저자와의
협의 하에
인지 생략

공 저 자   전인화, 안소은, 김연민
발 행 인   박용
출판총괄   김현실
개발책임   이성준
편집개발   김태희, 김소영
마 케 팅   김치환, 최지희
일러스트   ㈜ 유미지

발 행 처   ㈜ 박문각출판
출판등록   등록번호 제2019-000137호
주   소   06654 서울시 서초구 효령로 283 서경B/D 6층
전   화   (02) 6466-7202
팩   스   (02) 584-2927
홈페이지   www.pmgbooks.co.kr

ISBN   979-11-7519-860-9
정가   15,000원